초등학생이 직접 알려 주는

초등학생이 직접 알려 주는

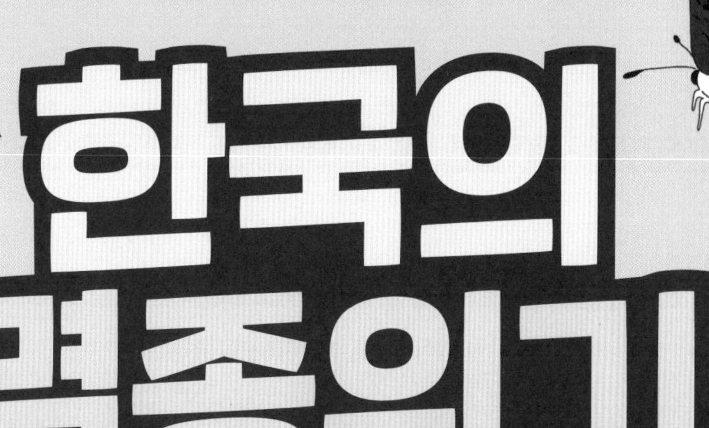

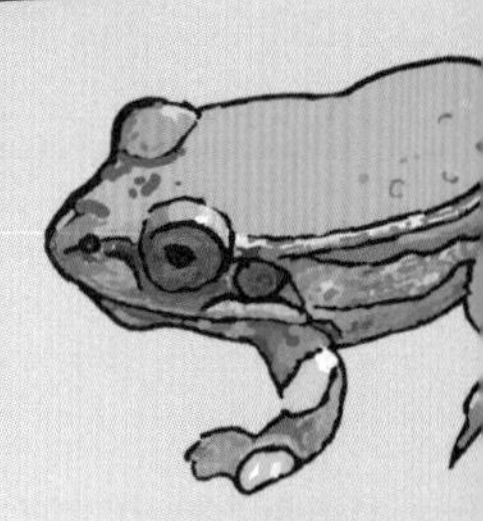

복주초등학교 지음

좋은땅

차례

1 땅, 숲 그리고 습지

2 물속

3 하늘

1

땅, 숲
그리고 습지

1-1

꼬리가 짧은 도롱뇽이 있다?

고리도롱뇽

이 동물은 고리도롱뇽이에요. 고리도롱뇽은 서식지에 따라 몸 색깔의 차이가 있고 바다와 육지 모~두 살 수 있는 양서류에 속하죠. 고리도롱뇽 수컷의 외형은 등색이 황색이고 암컷은 갈색 바탕에 점이 있어요. 전체 길이는 7~12cm로 우리나라에서 사는 도롱뇽 중 가장 작아요. 주로 거미, 지렁이, 딱정벌레, 개미, 벌을 먹어요. 머리가 편평하고 주둥이는 끝이 둥근 모양이에요. 그리고 눈이 쑥 나와 있어요. 꼬리뼈가 25~26개로 제주도롱뇽보다 꼬리뼈가 적어요. 꼬리뼈가 적어서 꼬리가 짧아요. 그리고 고리도롱뇽은 일반 도롱뇽과 비슷하게 생겼을 것 같지만 일반 도롱뇽보다 이빨이 작고 입 주머니의 형태가 독특하답니다. 하지만 산림 파괴와 수질오염으로 멸종위기에 처하게 되었어요.

1-2

따끔하지만 귀엽다고요

고슴도치(관찰종)

고슴도치는 멸종위기종은 아니지만 최근 개체 수가 줄어든 종이어서 관찰종으로 지정되었어요. 고슴도치는 곤충, 지렁이, 달팽이, 새알, 뱀, 개구리를 잡아먹어요. 나무열매나 과일, 야채도 즐겨 먹어요. 몸은 통통하고 네 다리는 짧으며 귀는 폭이 넓고 둥글어요. 겨울털이 여름털보다 색이 옅어요. 등과 옆구리 털이 가시처럼 굵고 가시는 흰색과 갈색이 섞여 있어요. 우리나라의 포유동물 가운데 유일하게 가시털을 지니고 있다고 해요.

1-3

무늬가 다양한 달팽이!

거제외줄달팽이

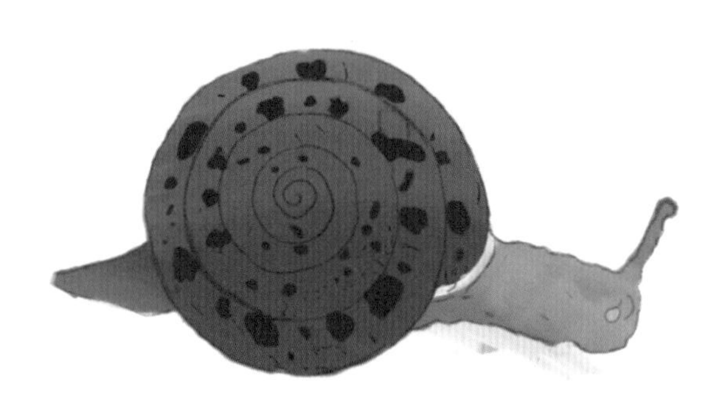

이 친구는 거제외줄달팽이에요. 무늬가 참 다양하죠? 멸종위기 야생동물 2급으로 지정된 외줄달팽이과의 대형 연체동물로 6.5층으로 된 껍질은 황갈색에 크고 둥글어 적갈색의 색대가 있어요. 그리고 해안가 도서 지역의 보존된 숲속 쪽에서 서식한답니다.

경상남도와 일본에 분포하는 동북아시아 고유종이기도 해요. 하지만 서식지 개발 및 질의 하락 때문에 멸종위기에 처했어요.

1-4

멸종위기에 처해 버렸어요!

구렁이

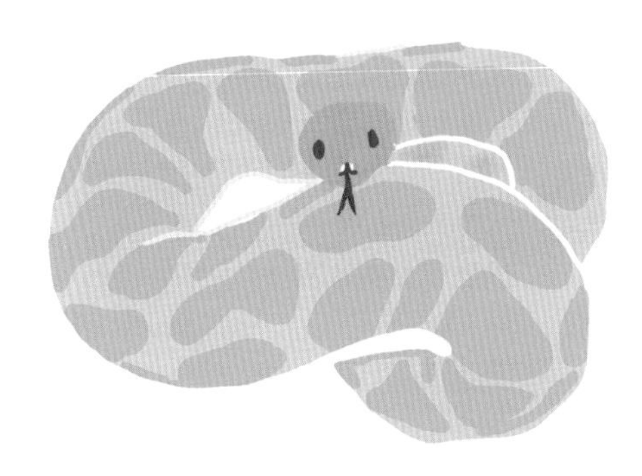

구렁이는 우리나라 뱀 중에서 대형종에 속해요. 보통 검은색을 띠어요. 크기는 1.5~1.8m 정도예요. 15~25년 정도 살 수 있어요. 구렁이는 민가의 돌담이나 밭둑의 돌 틈에 서식하며 농가의 퇴비 속에 알을 낳기도 해요. 이때 퇴비가 발효하면서 생기는 열로 알이 부화돼요. 현재 멸종위기에 처해 있어요.

1-5

점프를 높게 못 뛴다고?!

금개구리

금개구리의 몸 색깔은 전체적으로 밝은 녹색이에요. 이 친구는 다른 개구리들과 달리 60~70cm까지밖에 못 뛰는 친구예요. 시력도 별로 좋지는 않은 친구예요.

수컷은 턱 아래에 2개의 울음주머니가 있는데 다른 개구리보다는 크기가 작은 친구예요. 암컷이 수컷보다는 몸집이 2~3배 더 큰 친구예요.

이 친구는 우리나라 경기도, 경상남도, 충청도, 전라북도에서 발견이 된답니다. 주로 거미류, 벌, 파리, 메뚜기를 잡아먹고 가끔씩은 송사리나 개구리류도 먹는다고 해요. 금개구리는 서식지가 감소되면서 결국 멸종위기동물로 지정되었어요.

1-6

긴 손가락을 가진 박쥐랍니다!

긴가락박쥐(관찰종)

긴가락박쥐는 긴날개박쥐라고도 불려요. 셋째 손가락과 둘째 손가락뼈가 매우 길어서 이런 이름이 생겼다고 하네요.

주로 동굴에 서식하는데 큰 무리를 짓고 살아서 때로는 1만 마리가 넘게 함께 살기도 한다고 해요. 털은 짧지만 매우 부드럽고 한 마리의 새끼를 낳으면 새끼는 3주간 엄마 품에서 자란다고 해요.

1-7

독을 내뿜는 동물이 있다고요?

갯첨서(관찰종)

냇가, 강, 호수 등의 습한 곳에 사는 갯첨서는 멸종위기동물이 아닌 관찰종으로 지정되어 있어요.

등은 갈색이고, 배는 흰색을 띠며 주둥이가 뾰족하고 양 볼에 털이 나 있어요. 물속에 들어가도 털이 잘 젖지 않으며 한 배에 4~14마리의 새끼를 낳는다고 해요. 게다가 작은 개구리 한 마리를 마비시킬 정도의 독을 갖고 내뿜을 수 있다고 하네요.

1-8

노란 잠자리도 있답니다!

노란잔산잠자리

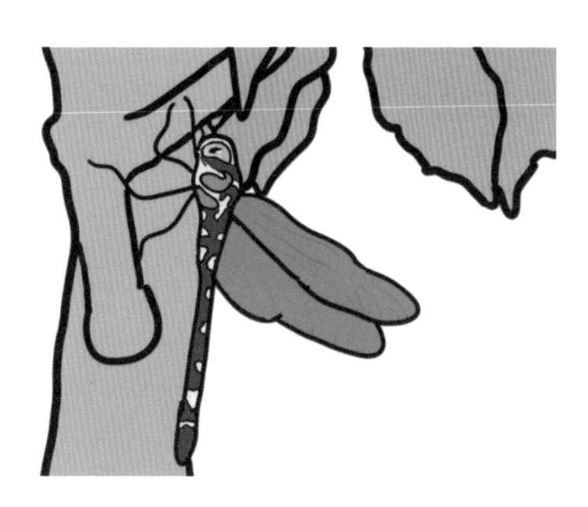

노란잔산잠자리는 절지동물의 잔산잠자리과예요.

날개의 길이는 45~55mm이고, 배 길이는 55~60mm, 몸 전체 길이는 70~77mm이에요.

몸에는 철같이 반짝이는 청록색과 노란색 줄무늬가 있고 눈은 파란빛이 있는 남색이에요. 다 자란 암컷의 날개는 조금 진한 노란색이에요.

우리나라의 경기도 연천군, 경상남도, 경상북도 등 우리나라 중간의 남쪽에 드물게 분포해요.

멸종위기 이유는 노란잔산잠자리 애벌레가 사는 하천모래를 가져가는 등 사람들의 개발로 인해 사는 곳이 줄어들었기 때문이에요.

1-9

늑대는 못된 동물이 아니라고요!

늑대

'말승냥'이라고도 불리는 늑대는 다리가 길고 굵어요. 꼬리를 항상 밑으로 늘어뜨리고 있는데 꼬리가 위로 올라가지 않은 것이 개와 늑대의 다른 점이에요. 코는 머리에 비하면 길고 뾰족하게 보이고 이마도 다소 넓고 경사졌는데, 눈이 비스듬하고 귀가 항상 빳빳이 서 있는 모습을 가지고 있어요.

늑대는 세계적으로 인간에게 피해를 주는 동물이라고 인식되어 왔어요. 이 때문에 1960년대까지 무분별하게 포획되어 멸종위기에 직면하게 되었어요. 늑대는 많은 동화나 애니메이션에서 못된 동물로 표현되고 있는데, 늑대를 사악한 동물로 인식할 수 있는 근거는 없어요. 단지 늑대는 사회성이 강한 육식성 동물일 뿐이니까요.

1-10

이름이 엄청나게 긴 달팽이가 있다?!

두타산입술대고둥아재비(관찰종)

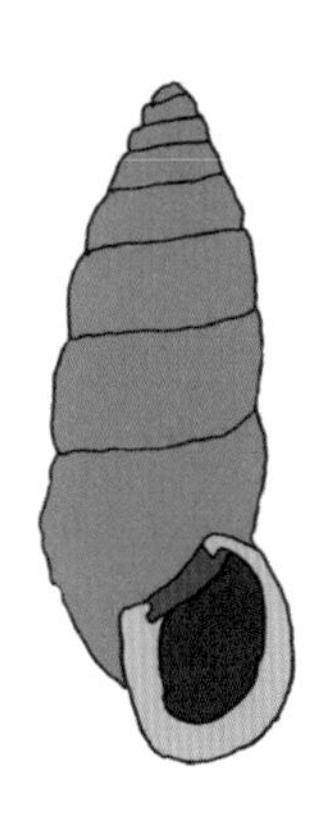

두타산입술대고둥아재비의 종은 달팽이고 껍데기가 6~7겹으로 이루어져 있어요.

두타산입술대고둥아재비는 돌무덤, 밭 가장자리, 동굴 입구 등 흙이 약간 마른 곳에 살아요.

강원도 동해시 두타산 입구에서만 발견되는 우리나라 특산종으로 관광지 개발과 도로 설치로 살 곳이 점점 없어지고 있어요. 결국 보호가 급해져서 관찰종으로 등록되었어요.

1-11

밤에 들으면 소름 끼치는 울음소리가 있다?!

대륙사슴

대표적인 초식동물인 대륙사슴이에요. 사슴의 한 종류인 대륙사슴은 멸종위기 야생동물 1급이에요. 한반도, 만주, 러시아 우수리 지방에 살고 주로 나뭇잎, 이끼, 풀 등을 먹고 사는 동물이에요. 원래 한반도 전역 야산에 널리 분포했지만 일제강점기 해수구제로 1940년을 기점으로 모두 없어진 것으로 보여요.

1-12

우리나라에서 가장 긴 곤충!

말총벌(관찰종)

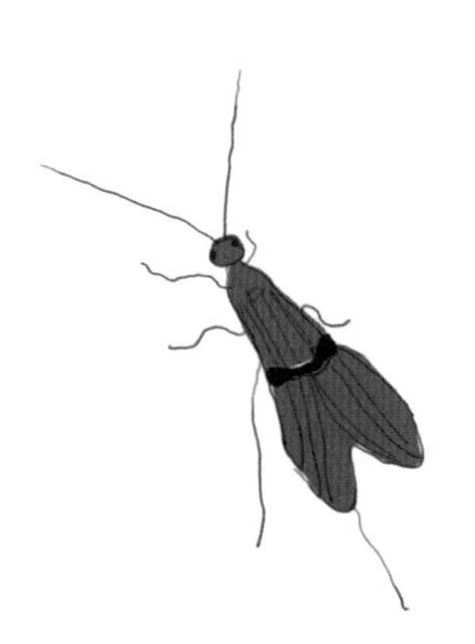

이 곤충은 말총벌이에요. 우리나라에서 제일 긴 곤충이랍니다. 몸길이는 15~21mm이지만 알을 낳는 꼬리 같은 산란관이 무려 90~178mm이에요! 5~7월 참나무숲에서 주로 볼 수 있으며 하늘소를 주로 먹는다고 해요!

1-13

싸우는 게 귀엽게 보이는 개구리가 있다?!

맹꽁이

맹꽁이는 한반도와 중국 동북부 지역, 일본 혼슈 남부 지역 등에 분포하는 개구리목 맹꽁잇과 양서류예요. 우리나라에는 강원도 영동 지방을 제외한 전국에 분포하고 있지만, 도시화와 수질오염으로 인해 점차 수가 줄어들어 보기 어려워지고 있어요.

통통하고 몸집에 짧은 머리가 특징이며 발에는 물갈퀴가 없어요. 몸길이는 4~5cm 정도로, 누런 몸에 푸른빛 혹은 검은빛 무늬가 있어요. 두꺼비와 비슷하게 생겨서 헷갈리는 사람도 있어요. 한 마리가 "맹" 하고 울면 다른 녀석은 자신의 소리를 암컷이 구별하도록 하기 위해서 "꽁"으로 바꿔서 운다고 해요.

1-14

계절마다 몸의 색이 바뀌는 족제비?

무산쇠족제비

이 친구는 무산쇠족제비라고 해요. 다른 식육류와 다르게 몸이 작고 체중이 가장 적게 나가요! 발톱과 코가 뾰족하지만 발톱으로 땅은 팔 수 없어요. 주로 초원지대나 밀림에 살고 있어요! 1년에 2,000마리, 3,000마리의 먹이를 잡아먹는답니다!

주로 제주도, 울릉도를 제외한 한반도에 서식하고 있어요. 하지만 기후 변화와 서식지 파괴, 고속도로 개발로 살 곳이 점점 줄어들었고, 최근에는 멸종위기 야생동물 2급에서 1급으로 지정될 만큼 빠르게 없어지고 있는 동물이에요.

1-15

반달무늬 없는 반달가슴곰도 있답니다!

반달가슴곰

반달가슴곰은 몸길이가 138~192cm이고, 뒷발 길이는 21~24cm이에요. 꼬리 길이는 4~8cm 정도예요. 얼굴은 길고 이마는 넓고 귓바퀴는 둥글고 입은 짧아요. 몸 전체에 광택이 나는 검은색 털을 가지고 있고 털이 갈색인 반달가슴곰도 있어요. 크기는 다른 곰 친구들보다 작은 편이고 앞가슴의 특징인 V 자 모양의 흰 반달무늬가 있어요. 그런데 반달가슴곰들마다 반달 모양의 크기에 차이가 있어서 아예 반달무늬가 없는 반달가슴곰도 있어요.

1-16

아름다운 붉은 점이 있답니다!

붉은점모시나비

붉은점모시나비는 반투명한 흰색 날개에 붉은 점이 선명한 특징을 갖고 있어요. 호랑나비과의 한 종류에 속해요. 애벌레 시기에는 기린초를 먹고 다 큰 나비는 기린초, 엉겅퀴, 고들빼기 등을 먹는답니다. 강원도와 경상도의 일부 지역에서 5월에 만나 볼 수 있어요!

1-17

다른 뱀을 잡아먹는 뱀이 있다?

비바리뱀

비바리뱀은 뱀 종류예요. 40~60cm 크기의 작은 뱀이에요.

사는 곳은 사막 같은 날씨 및 따뜻한 곳의 물 주변이나 낮은 산이에요.

비바리뱀은 뱀을 잡아먹는 뱀으로 알려졌는데 그 이유는 비바리뱀의 먹이가 도마뱀이나 악어 같은 파충류이기 때문이에요.

멸종위기 이유는 사는 곳이 관람하는 곳 등으로 만들어지고 있고 사람들이 비바리뱀을 많이 잡아 버렸기 때문이에요.

1-18

몸에서 나온 향으로 향수를 만드는 동물이 있다고?

사향노루

사향노루는 몸에서 사향을 뿜어내는 동물이에요. 수명은 10~20년 정도예요. 먹이로 어린 싹과 잎을 먹으며 무게는 9~11kg이에요. 중앙아시아 등지에 살며, 단독생활을 하며 야행성이에요. 겉모습이 고라니와 비슷하지만 조금 더 작고 꼬리는 짧은 흑갈색이에요. 사향노루는 배꼽 안쪽에 사향 주머니가 있어서 암컷을 유인하기도 해요. 하지만 오래전부터 이 사향이 몸에 좋다는 이야기가 있어서 사향노루를 잡아서 팔기도 했고, 지금은 판매가 중지되었지만 사향으로 향수를 만드는 회사도 있었어요. 이와 같이 사향 때문에 고통 받은 사향노루는 결국 수가 줄어들어 멸종위기종이 되었어요. 사향노루는 가파른 경사나 절벽 위를 쉽게 뛰어다니며 청각과 시각이 발달하여 겁이 많은 동물이에요.

1-19

한라산 해발 1300m 이상에서만 사는 나비

산굴뚝나비

산굴뚝나비는 네발나비과 뱀눈나비아과에 속하는 북방계 나비예요. 중국, 몽골, 러시아, 북한엔 널리 분포하지만 남한에선 유일하게 제주도 한라산 1300m 이상에서만 살고 있어요.

앞날개 길이가 3cm 내외로 몸은 전체적으로 흑갈색이랍니다. 앞날개에는 2개의 뱀 눈 무늬가 특징이며, 최근 제주조릿대가 증가하면서 먹이 식물이 말라 죽고 있어서 생존을 위협받고 있어요.

1-20

먹으면서 싼다고?

소똥구리

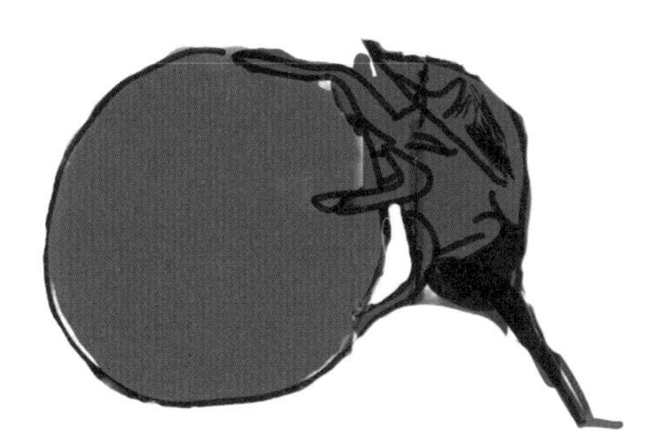

이 친구는 소똥구리예요. 소똥구리는 다른 곤충과는 다르게 한 번 입을 대면 계속 먹어서 먹으면서 똥을 싸요. 12시간 동안 사람으로 치면 300인분(60kg)을 먹을 수 있어요. 소똥구리는 다른 동물의 똥을 먹고, 겨울이 되면 자기가 굴리는 똥에 알도 낳지요.

1-21

수염을 가진 곤충이라고?

수염풍뎅이

수염풍뎅이의 몸길이는 30~37mm 정도예요. 종아리에는 가시돌기가 있어요. 수컷은 2개, 암컷은 3개의 가시돌기가 있답니다. 가운데와 뒷다리의 종아리 마디 안쪽에는 긴 털이 나 있어요. 파꽃에 무리 지어 있기도 하고 불빛에 달려들기도 해요! 멸종위기 야생동물 1급으로 지정된 만큼 만나기 어려운 곤충이랍니다.

1-22

수원에만 사는 건 아니랍니다!

수원청개구리

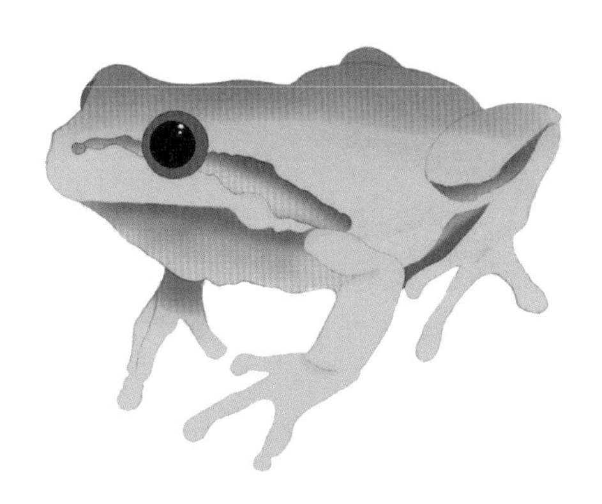

이 친구는 청개구리과로 수원청개구리라는 이름을 갖고 있어요. 명칭과는 다르게 경기도 수원시에만 서식하는 개구리가 아니에요. 우리나라 경기도, 충청도, 전라북도, 전라남도 일부 지역에만 서식하는 고유종 양서류예요.

몸길이는 2.5~4cm 정도고, 우리나라에 서식하는 개구리 중 가장 작아요. 등은 녹색 또는 녹청색이고 콧구멍부터 눈과 고막을 지나 몸통 측면까지 담갈색! 갈색 또는 흑갈색의 줄무늬가 있어요.

1-23

꼬리가 2개인 나비가 있다?

쌍꼬리부전나비

아름다운 자태를 뽐내는 이 나비는 쌍꼬리부전나비예요. 낮은 산지의 소나무숲을 중심으로 숲이 덜 우거진 장소에 살고 있어요. 개망초라는 꽃에서 꿀을 빨아서 밥을 먹지요. 쌍꼬리부전나비는 아름다운 날개와 꼬리를 가지고 있어요. 사실 꼬리가 아닌 꼬리 모양 돌기예요.

이 나비에게는 비밀이 있어요, 암컷과 수컷의 색깔이 반대라는 사실이에요. 암컷은 갈색 날개에 줄무늬가 있고, 수컷은 푸른빛을 띠어서 다른 나비인 것같이 헷갈려요.

아름다운 이 나비, 어때요? 한번 보고 싶죠?

1-24

여우는 고양이처럼 발톱을 숨길 수 있다

여우

여우는 개과의 포유류로 제주, 울릉도를 제외한 한반도 전역에 분포했지만 1980년대 이후 남한에서는 멸종해 현재 소백산에서 복원을 하고 있어요. 세계적으로 45종으로 나뉘며 국내종은 우수리, 중국 동북부에 분포하고 있어요. 몸은 갈색에서 붉은색을 띠며 꼬리가 길고 두꺼우며 털이 많아요. 잡식성으로 특히 설치류를 즐겨 먹고 인가 주변의 야산에 주로 서식해요. 1960~1970년대 쥐 잡기 운동 때 쥐약 중독과 털이 붙어 있는 가죽 때문에 과도하게 포획된 것이 그 멸종의 원인이라고 해요.

1-25

조롱박이냐고요? 아닙니다!

윤조롱박딱정벌레

윤조롱박딱정벌레는 거미와 비슷한 절지동물이에요.

몸길이 23~25mm 정도예요. 색은 검은색과 금속광택이 나며 머리와 앞가슴 등판은 녹동색 광택이랍니다. 딱지 날개는 황갈색 또는 금록색이지만 붉은색인 친구도 있어요. 우리나라의 고유종이며 설악산, 태백산 등에서 관찰된다고 해요.

1-26

크기가 500원 동전만 한 나비가 있다?

은줄팔랑나비

팔랑나비과 곤충인 은줄팔랑나비는 날개 윗면이 흑갈색이고 뒷날개에 은백색 띠가 날개 중심을 지나 외연까지 이어진 날개가 있어요. 크기는 500원 동전만 해요.

서식지는 개울가 키 높은 초지인데, 최근 인위적인 하천 정비가 빈번하게 발생하면서 서식지가 줄어들어 개체 수가 줄어들고 있어요. 과거에는 전국 어디서든 볼 수 있었지만 서식지 파괴로 인해서 강원도와 경북에서만 서식하는 것으로 알려졌어요.

1-27

느리게 움직이지만 빠르게 사라지고 있어요

울릉도달팽이

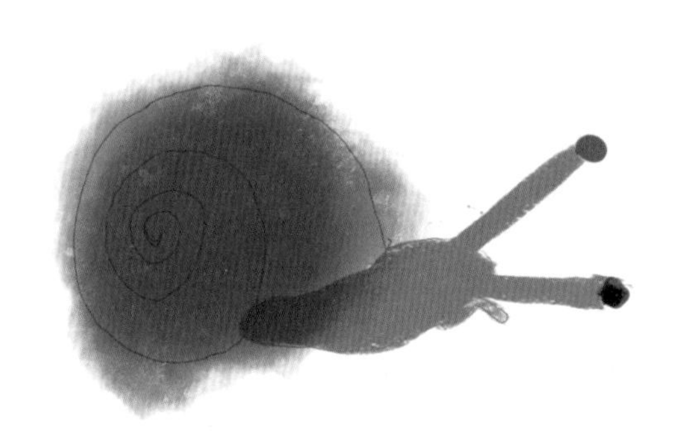

이 친구는 울릉도달팽이에요. 울릉도 숲속이나 낙엽이나 잔가지 밑에 살아요. 옛날에는 흔하게 볼 수 있었는데 지금은… 사람들이 살고 있는 곳을 마구 파괴해서 별로 남아 있지 않아요. 그래서 멸종위기 야생동물 2급으로 지정되었답니다. 하지만 멋진 껍데기를 갖고 있고 무려 높이가 7mm나 돼요. 주로 오이, 배추, 토마토, 당근 등의 채소를 먹는답니다.

1-28

허파가 없어도 숨은 쉴 수 있다!

이끼도롱뇽(관찰종)

이끼도롱뇽은 보통 충청남도, 전라북도 높은 곳의 습하고 온도가 낮은 바위 밑에서 살아요. 기후변화로 엄청 많은 친구들이 줄어들었어요.

입 가운데에 홈이 파인 특징이 있어요. 눈이 작고 많이 튀어나와 있어요. 몸이 가늘고 길이는 4cm 정도 돼요. 등에 누런 갈색이나 붉은 줄무늬가 있어요. 보통 거미, 곤충, 지렁이와 같은 먹이를 먹어요. 개미를 특히 많이 먹어요.

근데 혹시 허파가 없는 동물을 보신 적 있으신가요? 바로 이끼도롱뇽이에요. 허파가 없어요. 그래서 피부로 숨을 쉬어요. 다른 나라 친구들에겐 없는 혀, 발, 두개골을 가지고 있어요. 몸통 옆

주름은 14개 정도 되고, 앞발가락 4개, 뒷발가락은 5개예요. 수컷과 암컷은 겉으로 구분이 불가능해요. 그래서 몸속에 있는 장기로만 구분이 가능해요. 이동을 할 때는 꼬리를 감아 용수철처럼 껑충껑충 뛰어다녀요. 짝짓기 등 몇 가지 번식활동은 잘 알려지지 않았어요. 낮보다는 밤 활동을 주로 하고 4월부터 자주 보이고 10월부터는 잘 관찰되지 않아요.

1-29

여름잠을 자는 나비라고?

왕은점표범나비

다른 동물과는 달리 왕은점표범나비는 여름에 여름잠을 자요. 숲에 가장자리에 서식하는 곤충이에요. 날아다니는 데 힘을 너무 많이 써서 가을에는 행동이 느려져요. 한반도산 표범나비류 중 가장 몸 크기가 커요. 왕은점표범나비는 엉겅퀴, 개망초, 큰까치수영, 코스모스 꽃의 꿀을 좋아해요.

왕은점표범나비는 멸종위기 야생동물 2급인데, 그 이유는 사람들이 서식지를 파괴했기 때문이에요.

1-30

코가 관 모양인 박쥐가 있다?!

작은관코박쥐

이 동물은 작은관코박쥐에요. 작은관코박쥐는 높은 산속에 주로 살고 있어요. 하지만 멸종위기 야생동물 1급으로 지정된 만큼 찾아보기가 쉽지 않답니다. 그리고 몸 크기는 50mm 정도로 아주 작아요. 이름이 작은관코박쥐가 된 이유는 코가 관 모양으로 튀어나와 있기 때문이에요. 정말 신기하죠?

1-31

태산 모아 티끌인 동물?

장수하늘소

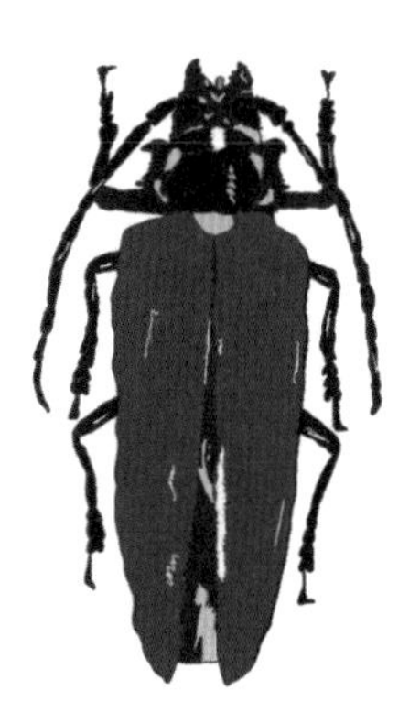

몸길이가 110mm에 이르는 장수하늘소는 졸참나무를 먹어요. 우리나라에서는 산림을 해치는 해충이라고 분류하지만 이는 인간 중심의 가치관에서 비롯된 생각이에요. 사실 장수하늘소는 생태계 유지에 아주 중요한 역할을 하기도 해요.

장수하늘소의 유충기간은 7년 정도로 유충 때 완벽하게 준비를 해서 성충이 되면 1달밖에 살지 못해요. 왜냐하면 장수하늘소의 평균 수명은 1달이기 때문이에요. 태산 모아 티끌인 격이에요.

1-32

무당벌레를 닮은 거미가 있다?

주홍거미(관찰종)

이 거미는 주홍거미예요. 주홍거미 암컷의 몸길이는 9~16mm이고, 수컷은 8~12mm예요. 암컷은 온몸이 검고 부드러운 짧은 털로 덮여 있어요. 배와 등에는 황갈색 근육점이 4개가 있어요. 수컷은 머리가 검고 둥근 무늬가 2~3쌍이 있어요.

주로 사는 곳은 건조한 곳의 땅속에 굴을 파고 살며 땅 위에 조잡한 그물을 쳐요. 성체 수컷은 여기저기를 떠돌면서 생활하기도 해요. 주로 5~10월에 나타나고 토양해충의 천적으로 한반도 전역에서 볼 수 있답니다.

1-33

우리나라에만 사는 달팽이가 있다?

참달팽이

전라남도 홍도에서 채집한 바가 있는 참달팽이는 식물을 섭식하고 일부는 잡식성으로 동물 사체를 분해하는 역할을 해요. 5층의 자라는 선이 껍질에 있어요. 달팽이는 다양한 색상을 나타내는데 황갈색, 적갈색, 황색을 띤다고 해요. 허파로 숨을 쉬고 땅에 살아요. 습기 많은 관목림, 나무돌담에 살아요. 높이는 18mm이에요. 그리고 이 달팽이는 등뼈가 없는 달팽이에요.

1-34

귀엽지 않나요?

참호박뒤영벌

4~6월에 어른이 되어서 출현하고, 몸길이는 21mm로 뒤영벌 중 가장 커요. 우리나라에는 제주도, 울릉도를 포함한 전국에 분포하였지만, 최근에는 관찰하기 어렵다고 해요. 참깨, 호박, 무궁화 등의 식물에서 꽃꿀을 빨아 먹으며 살아간답니다.

1-35

색이 신비롭다고요!

창언조롱딱정벌레

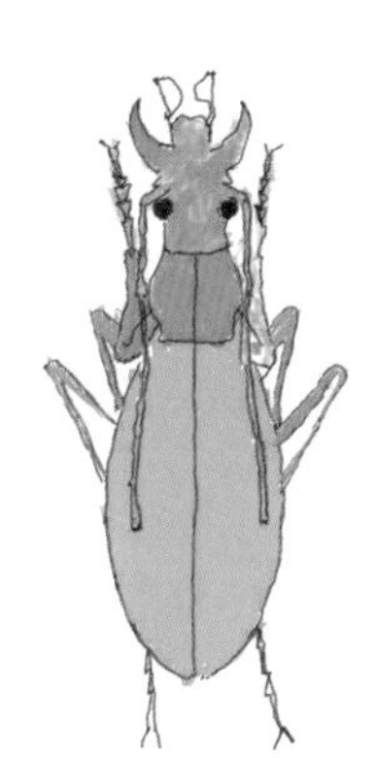

창언조롱딱정벌레는 멸종위기 야생동물 2급이고 수컷의 몸길이는 약 26mm, 암컷의 몸길이는 약 29mm예요.

사는 곳은 경상남도, 전라북도, 지리산이에요. 많이 나타나는 계절은 5, 9월이에요. 먹이는 달팽이, 지렁이 등이에요.

최근 너무 많은 채집 때문에 개체 수가 줄어들고 있어요.

1-36

윗면과 아랫면 색이 다른 나비?

큰수리팔랑나비(관찰종)

날개의 윗면은 황갈색이고 아랫면은 푸른빛이 감도는 갈색이에요. 별다른 무늬가 없고, 수컷에만 앞날개 중앙에 흑갈색 짧은 띠무늬가 가로로 3개 있어요. 활엽수가 많은 숲에서 서식하고 참나무류의 수액을 빨아먹으며 살아요.

1-37

치타와 비슷하지만 달라요!

표범

이 동물은 표범이에요. 표범은 몸 색깔이 엷은 황색에서 갈색이고 검은 반점이 있으며 검은색 무늬는 매화 모양이에요. 표범은 고양잇과 중에서 환경에 대한 적응력이 가장 뛰어나요.

표범의 몸길이는 90~160cm이고 어깨 높이는 수컷은 60~70cm, 암컷은 57~64cm이랍니다. 지리산, 설악산 등의 전국에서 살았다는 기록은 남아 있지만 지금은 절멸된 것으로 추정된다고 해요.

1-38

몸길이와 꼬리 길이가 비슷한 동물이라고?

표범장지뱀

몸길이 7~9cm, 꼬리 길이 7cm인 표범장지뱀은 온몸에 표범과 비슷한 무늬가 있어요. 7~8월 모래 속에 4~5개 정도의 알을 낳는다고 해요. 거미와 메뚜기 같은 곤충을 잡아먹으며 산답니다. 주로 태안리 같은 해안에 살지만 고지대 산지와 서울 한복판에서도 발견되기도 해요. 대규모 하천 공사로 인해 많은 표범장지뱀이 죽었고, 지속적인 개발로 인해 멸종위기 야생동물 2급으로 지정되었다고 해요.

2

물속

2-1

가시고기, 들어 보셨나요?

가시고기

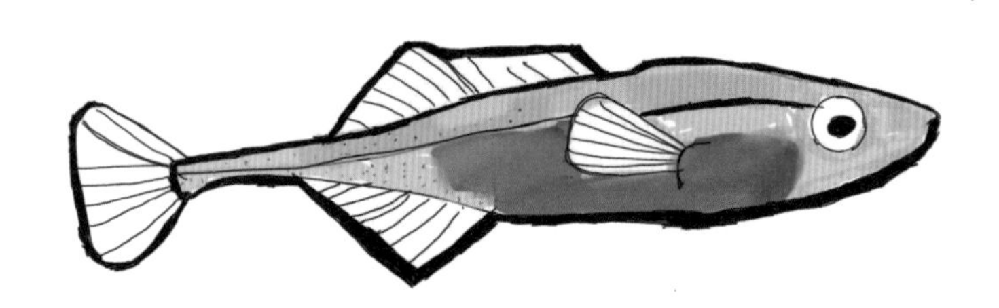

가시고기라는 이름은 등에 뾰족한 가시가 있어 붙여진 이름이에요.

몸길이는 5~6cm 정도로 아주 작아요. 하천이나 깨끗한 물에서 살고 있어요.

멸종위기 야생동물 2급이에요. 환경오염과 외래종, 가시고기의 서식지 50%가 줄어들었기 때문이에요.

우리나라, 중국, 일본 등 아시아 지역에서만 볼 수 있는 희귀종이에요.

2-2

집게, 집게, 집게

가재(관찰종)

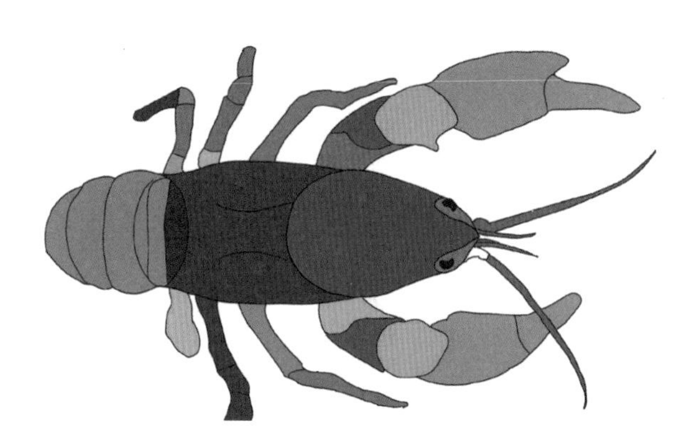

가재는 절지동물 십각목 가재과의 갑각류이에요. 또 가재는 새우와 게의 중간형으로 대하와 비슷해요. 가재의 몸길이는 약 50mm이고 이마뿔을 제외한 갑각 길이는 29~32mm이에요. 가재는 잡식성이라 뭐든 다 먹으며 차가운 물이 흐르고 낙엽과 돌이 많은 산간 계류에 살아요.

2-3

갈게와 비슷하답니다

갯게

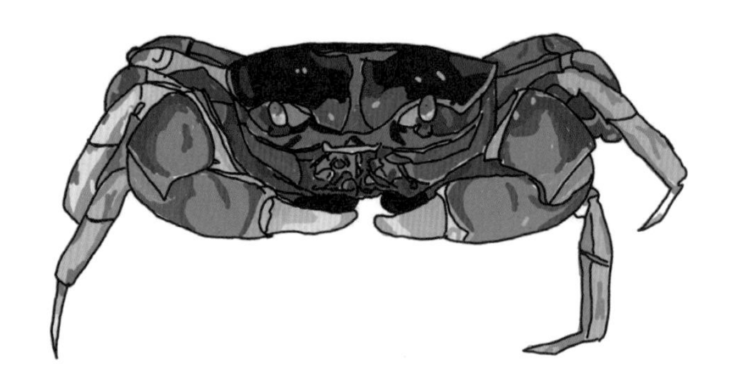

갯게는 큰 것의 길이는 약 40mm, 폭은 약 50mm이에요. 전체적으로 볼록한 사각형을 이뤄요. 껍데기 표면은 갈색, 자주색을 띠며, 다리 관절을 따라 주황색의 줄무늬가 나타나요. 배는 7마디로 이뤄지며 6번째 마디가 가장 길어요. 이마는 짧은 혀 모양이며 가장자리가 둥그스름하고, 아래쪽으로 매우 기울었어요. 4쌍의 걷는 다리 중에서 두 번째 걷는 다리가 가장 길며, 제일 뒤에 있는 네 번째 걷는 다리가 가장 짧아요.

전체적으로 갈게와 비슷하지만 갯게는 갑각의 등 쪽의 짧고 둥근 털이 있어서 그렇지 않은 갈게와 구별이 돼요. 또한 보랏빛이 강하게 나타나는 개체의 경우 갈게와 구별하기 더 쉬워요.

2-4

바닷속에서 빛나는 산호

금빛나팔돌산호

금빛나팔돌산호는 멸종위기 야생동물 2급으로 지정된 나무돌산호과예요. 성체는 나무 모양을 하고 있고 주홍색을 띠어요. 물이 맑고 따듯한 암초의 옆에서 서식해요. 우리나라 제주도 주변에 살아요. 무단 채취 등으로 멸종위기에 처해 있는 국제적 보호종이에요. 생태계에서 중요한 위치를 차지하고 있어요.

2-5

가시가 있는 물고기?

꺽정이(관찰종)

꺽정이는 몸길이 17cm예요. 눈이 크며 눈 밑과 머리의 등 쪽에 주름이 잡혀 있어요. 아가미 뚜껑 뼈에는 4개의 가시가 있어요. 가시는 갈고리 모양이에요. 몸빛은 황적갈색을 띤 담갈색이에요. 배 쪽은 백색이에요.

2-6

꾸구리의 눈은 고양이의 눈과 똑같을까?

꾸구리

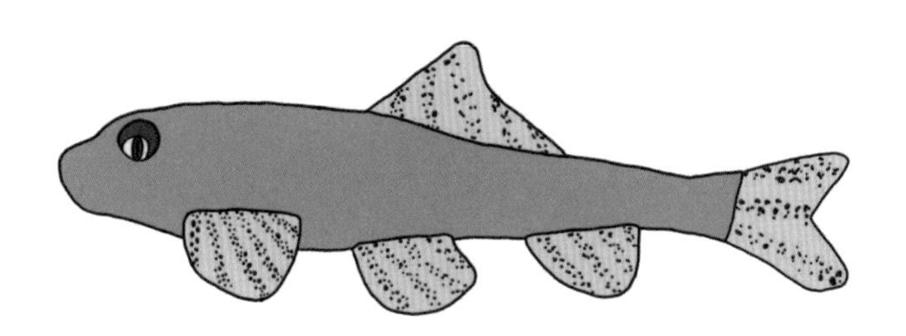

물고기 중 유일한 고양이의 눈! 이 동물의 이름은 꾸구리예요. 꾸구리가 이 이름을 가지게 된 이유는 "꾸꾸꾸"라는 소리를 내서 꾸구리가 되었다는 유래가 있어요.

꾸구리는 육식성 민물고기로 한강, 임진강 그리고 금강수계의 돌이 많은 상류에 살아요. 이 꾸구리가 멸종위기종이 된 이유에는 무분별한 하천 공사, 수질오염이나 댐 건설 등이 있어요. 이로 인해 꾸구리는 2005년 멸종위기 야생동물 2급으로 지정되어 보호를 받고 있어요.

수서곤충을 주로 잡아먹는데 평소엔 눈이 세로로 길지만 사냥을 할 땐 눈이 커지는 게 고양이의 눈을 닮았어요. 이렇게 꾸구리는 고양이의 눈을 많이 닮아서 '여울 고양이'라고도 불려요.

2-7

거제도의 보물이라고 불리는 물고기가 있다고?

남방동사리

이 동물은 남방동사리예요. 서식지는 우리나라 경상남도 산양천에 서식하고 있어요. 멸종위기 야생동물 1급이에요. 서식지가 매우 제한적인데 수질오염으로 그 수가 더 줄어들고 있어요. 갑각류 등을 주로 먹어요. 남방동사리는 회색이며 위에서 보면 리본처럼 보여서 다른 물고기들과 쉽게 구분할 수 있어요.

2-8

등 모양이 네모난 게가 있다?

남방방게

멸종위기 야생동물 1급인 남방방게예요.

등 모양이 우리의 혀의 생김새와 비슷해요.

몸 크기는 가로 2cm, 세로 1.5cm예요.

남방방게는 제주도, 거문도 등에 살아요. 소규모 서식처에 살고 있기 때문에 살아남기 어려운 환경이에요.

2-9

노래에서 제 이름 들어 보셨나요?

남생이

이 동물의 이름은 남생이예요. 보통 죽은 물고기와 물살이 생물 등을 먹어요. 등딱지의 길이는 25~45cm예요. 태어날 때쯤에 주변 기온이 35도 이상이면 암컷, 35도 이하면 수컷이 나와요. 보통 남생이들은 수컷보다 암컷이 더 커요. 암컷은 알을 낳을 때 거의 4~15개씩 낳아요.

남생이는 멸종위기종으로 우리의 더 많은 관심이 필요해요!

2-10

어른이 되면 아무것도 먹지 못하는 장어?

다묵장어

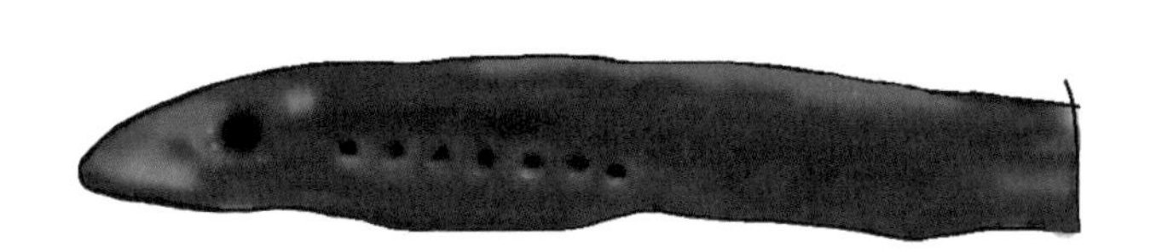

이 동물은 다묵장어예요. 입은 둥근 모양에 턱이 없으며 아가미 구멍이 7개나 뚫려 있어요. 바다가 아닌 2급수 이상의 개울이나 하천의 중상류에서 살아요. 어릴 때는 돌에 붙어 있는 돌의 유기물을 먹고 가을부터 겨울이 지나 어른이 되면 알을 낳을 때까지 아무것도 먹지 않으며 자갈이나 모래바닥에 웅덩이를 파고 알을 낳아요. 그렇게 알을 낳은 후에는 죽어요. 부화된 새끼는 바로 물고기가 되는 것이 아니라 아모코에테라는 약 3년의 유생기를 거치는데 이 때문에 어른으로 지낼 수 있는 기간은 매우 짧아요.

2-11

보다 보면 참 귀엽답니다!

둑중개(관찰종)

우리나라에 사는 둑중개는 민물고기예요. 물 속도가 빠른 하천 밑에 몰래 숨어 살아요.

둑중개는 몸 전체 길이가 15cm고, 옆으로 납작해요. 구개골에는 이가 없으며 양 턱과 서골에는 이가 있어요. 배 쪽은 흰색이고 등 쪽은 녹갈색이에요. 먹이로는 수서곤충을 잡아먹어요. 예전에는 만경강, 금강, 섬진강과 같은 다양한 강에 살았지만 이제는 한강 최상류에만 남아 있다고 해요. 그래서 관찰종으로 지정되어 보호하고 있어요. 둑중개가 감소하는 이유는 비료, 농약, 서식지 파괴 때문이랍니다.

2-12

전 무서운 상어가 아닙니다…

돌상어

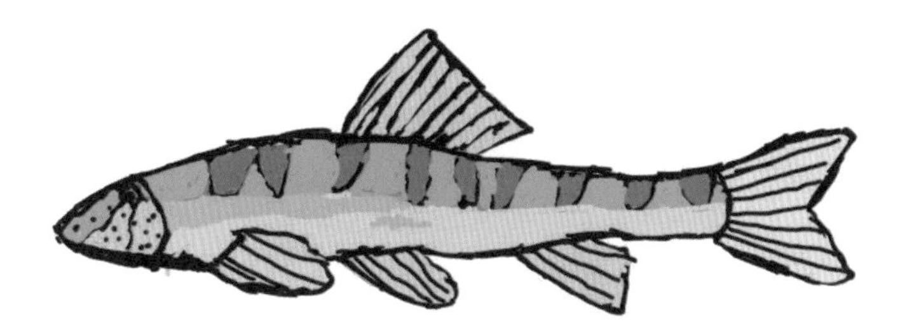

돌상어는 잉어과에 속하는 어류예요. 몸길이는 10~13cm이에요. 몸은 약간 길고 배는 편평하며 머리는 위아래로 납작하답니다. 뾰족한 주둥이를 갖고 있고 4쌍의 수염도 있어요.

돌상어는 금강, 한강, 임진강에 서식하는 우리나라 고유종이에요. 또한 아주 재빠른 게 특징이에요.

2-13

도끼로 만들지 않았습니다!

도끼조개(관찰종)

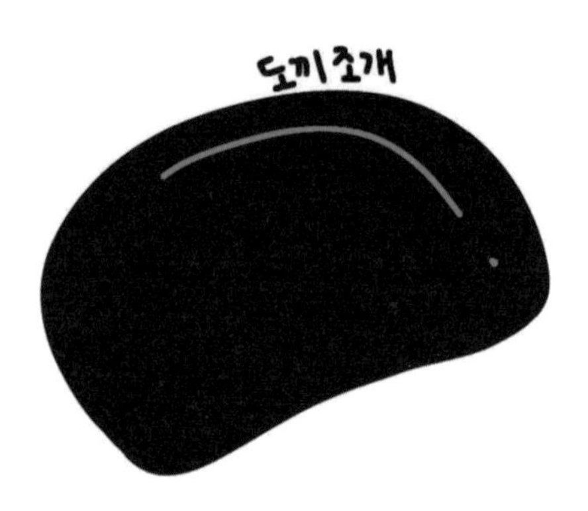

도끼조개는 중·북부 지역 하천의 유속이 빠른 중·상류 지역에 살아요. 환경 변화와 수질오염, 숙주 어종의 감소로 서식지와 개체 수가 크게 줄어들었어요. 껍질의 형태는 긴 삼각형으로 건조된 껍질은 잘 부스러진다고 해요!

2-14

조개들 중에서 가장 두껍고 단단한 껍데기를 갖고 있다!

두드럭조개

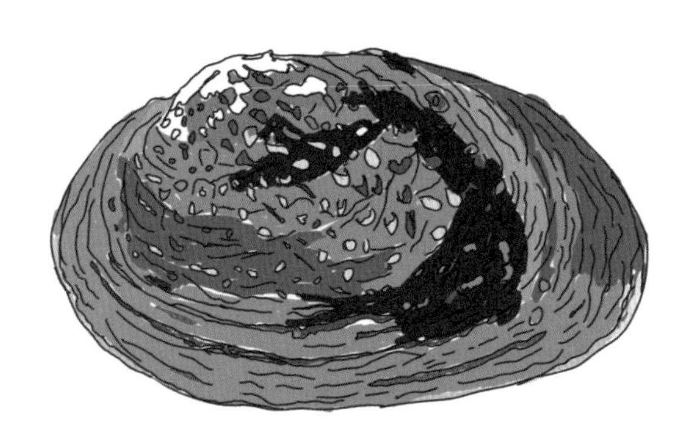

두드럭조개는 높이 13.83cm, 길이 12.85cm, 너비 5.39cm예요. 두드럭조개는 석패목 석패과에 속하는 연체동물이에요. 두드럭조개는 왼쪽 껍데기와 오른쪽 껍데기가 대칭이고, 껍데기에는 황갈색으로 거친 성장맥이 있어요. 일반적으로 위쪽에 돌기가 있어요. 내면은 희고 광택이 있어요. 볼록한 돌기도 나와요. 앞니는 작지만, 뒷니는 길고 홀쭉해요.

2-15

바닷속 변신의 귀재?!

둔한진총산호

이 친구의 이름은 둔한진총산호예요. 우리나라의 오륙도와 남해, 일본의 사가미만에 분포해 있어요. 조간대 수심 20~30m에 있는 바위에서 살아요. 군체 높이 11.5cm, 너비 6cm예요. 평상시나 먹이를 잡아먹을 땐 촉수를 활짝 펴서 화려한 모습이고 위험을 감지했을 땐 앙상한 나뭇가지로 변한답니다.

2-16

달라붙지 않는 산호?!

망상맵시산호

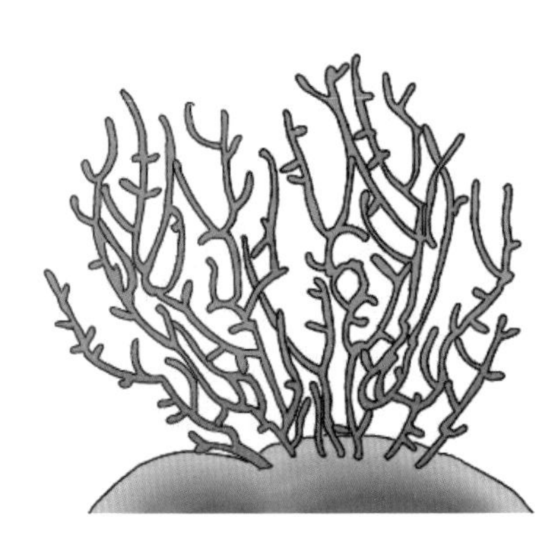

망상맵시산호는 현재 제주도, 일본, 스리랑카 등에서 서식하고 있어요.

외형은 붉은색인데 가끔 흰색인 개체도 있어요. 주로 바위 옆이나 위에 붙어서 생활해요.

망상맵시산호의 가지는 곧게 뻗어 있지만 단 한 가닥도 달라붙지 않아요.

망상맵시산호는 2012년 5월 31일 멸종위기 야생동물 2급으로 지정되었어요.

2-17

엎드려 다녀요!

물범

물범은 물범과에 속하는 포유류예요. 수컷은 최대 1.7m, 암컷은 1.6m이며 암수 체중은 82~130kg이에요. 배 부분은 밝은 회색인데, 얼룩무늬는 작아요. 명태, 청어, 플랑크톤을 주로 먹으며 우리나라의 백령도를 비롯한 가로림만 등에 살고 있어요.

산업 개발로 인한 환경오염으로 희생되고, 관광지 개발과 어민들의 어류 남획으로 인한 먹이 부족으로 개체 수가 줄어들고 있답니다.

2-18

물속의 장군이 바로 접니다!

물장군

물장군은 물에서 서식하는 노린재목 물장군과의 곤충이에요. 우리나라에 사는 물장군은 멸종위기 야생동물 2급으로 지정되어 보호받고 있으니 잡았다면 다시 물로 돌려보내 줘야 해요! 몸길이는 약 48~70mm 정도로, 한반도에 자생하는 노린재목 곤충 중에서 가장 커요. 몸 빛깔은 회갈색 또는 갈색이고, 머리는 몸에 비해 작으며, 겹눈은 광택이 나는 갈색이에요!

2-19

버들거리며 다니는 버들가지

버들가지

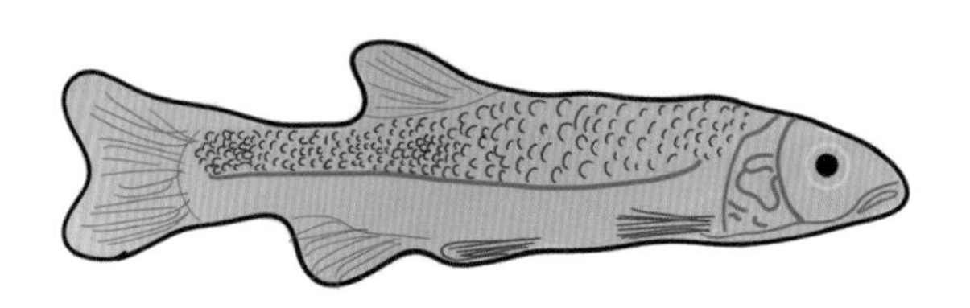

버들가지는 몸이 짧고, 굵은 생물이에요. 눈과 머리는 다소 크고, 주둥이는 끝이 둥글며 아래턱이 위턱보다 짧아요. 등지느러미에는 뚜렷한 흑색 반점이 있어요. 버들개나, 버들치와 유사해요. 비늘은 작아 육안으로 구별이 어렵고, 몸의 옆면 비늘에는 가장자리에 갈색 색소포가 밀집되어 있어 초승달 모양으로 보여요.

2-20

바닷속의 또 다른 별

별혹산호

별혹산호는 얇고 골축은 단단하며 둥근 원통형이에요. 성체는 선홍색이고, 촉수는 흰색이에요. 수심 20~40m의 암벽에서 살아요. 해류의 흐름이 빠른 청정 지역에 서식하고 성장 속도가 매우 늦어요. 제주도 해역에 서식하며, 세계적으로는 인도양, 태평양에서 주로 살아요.

2-21

육지에서 살지만 마른 땅에서는 살 수 없다?!

붉은발말똥게

이 친구는 발이 붉고, 말똥 냄새가 나서 붉은발말똥게라는 이름이 붙여졌어요.

신기하게도 육지에 살지만 아가미로 호흡하는 특성 때문에 마른 땅에서는 살 수 없어요. 그래서 서식지가 까다롭고 8~9월쯤에 볼 수 있어요. 서식지 훼손과 환경오염으로 멸종 위기에 놓였어요.

우리나라를 비롯해 일본, 중국, 타이완, 동남아시아, 파푸아뉴기니, 오스트레일리아, 사모아, 마다가스카르 등 태평양과 인도양의 해안에 분포해요.

2-22

바닷속 아름다운 해조류를 소개합니다

삼나무말

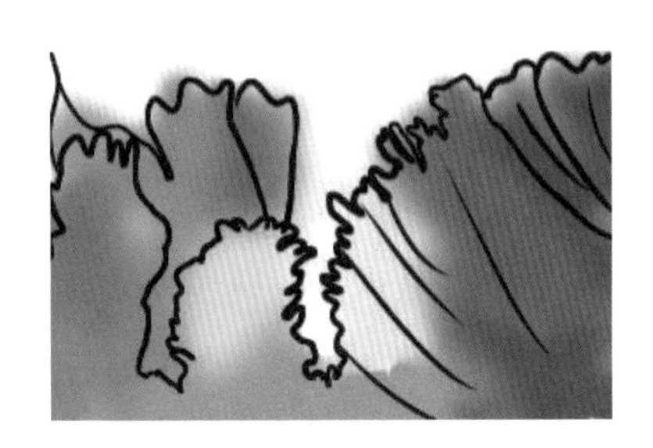

이 동물은 삼나무말(a cedar horse)로 해조류랍니다. 예전에는 바다에 많이 살고 있었지만 기후 변화로 인해 해수온도 상승과 환경오염, 해조류를 갉아먹는 성게의 이상 증식 등 생존을 위협하는 요인들이 점차 늘어나면서 우리 바다에서 사라질 위기에 처하고 있어요. 우리나라의 삼천시, 동해시, 강릉시, 양양군, 속초시, 고성군 해안에 서식해요.

2-23

가시가 많은 불가사리가 있다?!

선침거미불가사리

선침거미불가사리는 수심 50~100m에 살고 있어요.

가시로 덮여 있고, 다리로 다니는 다른 불가사리와 다르게 팔 전체로 움직여요.

우리나라 고유종이고, 남해안의 여수와 제주도의 범섬과 문도, 서귀포 등지에 분포해요. 2012년 5월 31일 멸종위기 야생동물 2급으로 지정되어 보호받고 있어요.

2-24

치명적인 귀여움의 정체는?!

수달

수달은 포유류에 속하는 동물이에요. 머리는 원형이고 코는 둥글둥글하며, 눈은 작고 귀가 짧아서 주름 가죽에 덮여 털 속에 묻혀 있어요. 수달은 외모와 달리 사나운 본성을 가지고 있어요. 야생생태계에서 서식하는 수달은 물고기, 게, 가재 등을 잡아먹기도 하고 영역 다툼을 하면서 다른 수달을 물어뜯기도 해요.

수달이 멸종위기인 이유는 1900년대 초에 고급 털가죽인 수달의 가죽을 얻기 위해 마구잡이 사냥이 시작됐기 때문이에요. 이렇게 마구잡이 사냥이 계속되면서 수달은 멸종위기 야생동물 1급이 되었어요.

2-25

물고기계의 ESFJ?

연준모치

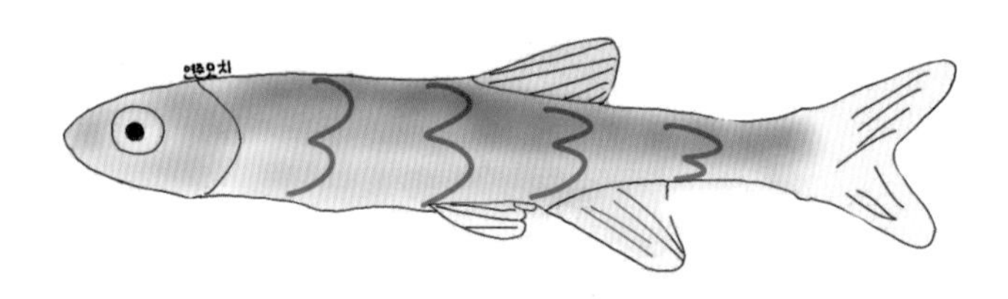

잉어과 민물고기로 크기는 7~14cm 내외예요. 멸종위기 야생동물 1급으로 위험에 빠진 친구랍니다. 연준모치는 1년 내내 친구들과 함께 무리를 지어서 다니고, 아주 활기차고 공격성이 없어요. 하지만 활발하다고 하긴 해도 갑작스러운 상황 변화에 적응하려면 시간이 좀 필요하다고 해요. 그래서 연준모치가 MBTI 검사를 하면 ESFJ일 것 같네요!

이 친구의 먹이는 동식물 조각, 물속에 사는 곤충, 작은 갑각류 등이며 생각보다 다양한 먹이를 먹어요. 이렇게 귀여운 연준모치의 멸종위기 이유는 서식지 파괴 때문이에요.

2-26

서식하는 서식지마다 색이 변하는 동물?!

염주알다슬기

염주알다슬기는 다슬기종에 속하는 동물로 멸종위기 야생동물 2급에 속하는 동물이에요. 염주알다슬기는 서식하는 서식지에 따라 황록색, 흑갈색, 적갈색 등 여러 색을 나타내요.

염주알다슬기가 멸종위기 야생동물 2급인 이유는 염주알다슬기의 서식지가 어지럽혀져 살 곳을 잃었기 때문이에요. 이대로라면 염주알다슬기를 못 보게 될 수 있어요.

2-27

임실에서 만나요!

임실납자루

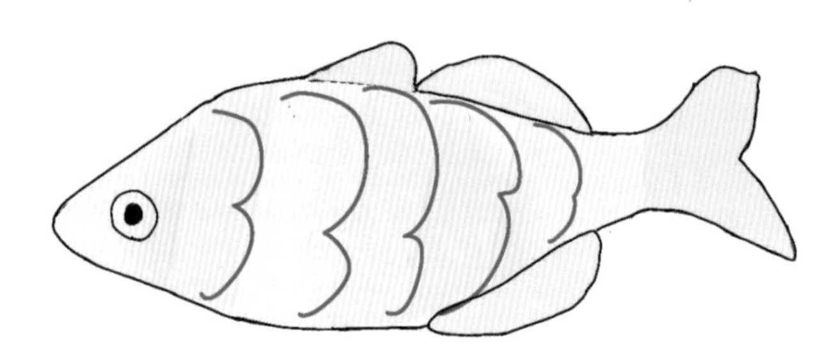

잉어목 잉어과 물고기로 길이는 5~6cm 정도예요. 하지만 몸의 높이가 길다고 해요. 임실납자루는 지느러미 색이 예쁘다고 소문이 났는데, 지느러미 색이 은은한 무지개색이래요. 임실납자루는 우리나라 임실군에서 처음 발견되어 붙여진 이름이에요! 섬진강에서 사는 우리나라 고유종이며 수심이 얕은 데 주로 산다고 해요, 이런 임실납자루는 외래종의 등장과 서식지 파괴로 점점 그 수가 줄어들고 있다고 하네요.

2-28

봄꽃을 닮은 성게가 있다?

의염통성게

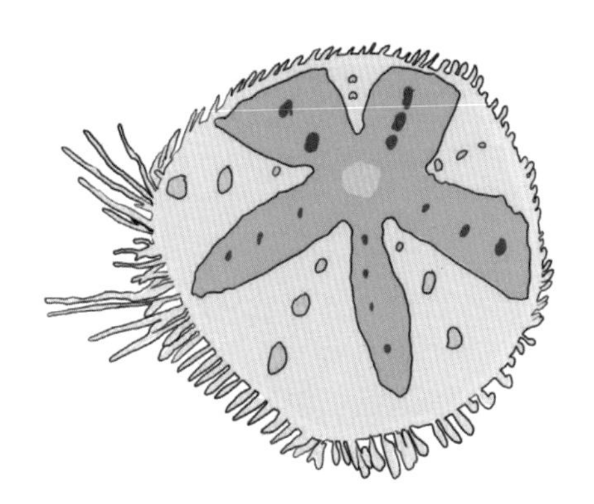

이 동물은 바닷속에 사는 의염통성게예요. 바닷속 해로운 작은 생물을 먹어서 바닷속을 청소하지요. 몸길이는 5cm 정도이고 회색 몸을 가졌어요. 몸통에는 빨간 무늬가 봄꽃처럼 있고요, 2007년부터 해양보호생물로 지정해 보호하고 있어요. 예쁘다고 가져가면 3천만 원의 벌금을 내야 하니 조심해 주세요!

2-29

나무 같은 돌 같은 산호!

잔가지나무돌산호

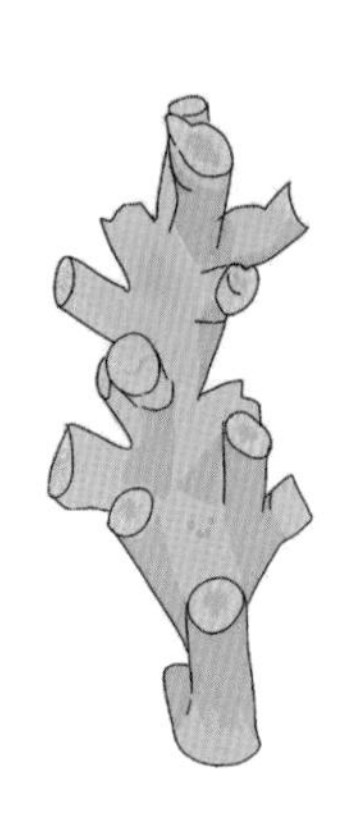

이 동물은 잔가지나무돌산호라고 해요! 자세포로 자신을 지키는 자포동물이에요. 나무돌산호과에 속하고 군체(같은 동물들이 모여서 겹치는 모양)는 나무처럼 생겼어요. 요즘 사람들이 쓰레기를 너무 많이 버려서 바닷속이 너무 파괴되어 점점 줄어들고 있답니다.

2-30

이마에 뿔이 있는 제주새뱅이

제주새뱅이(관찰종)

제주세뱅이는 이마뿔이 아래쪽으로 기울어져 있는 것이 보통이지만 수평인 것도 있어요.

이마뿔의 끝부분 모양은 다양하고 위 가장자리의 가시가 나 있지 않은 부분의 길이는 다른 근연종들보다 훨씬 짧아요. 웅덩이 물이나 계류에서 서식해요. 제주도 서귀포 천지연 폭포 상류 계곡에서 발견된 우리나라 고유종이에요.

2-31

바다의 꽃, 산호!

측맵시산호

측맵시산호는 높이가 11cm이고, 너비는 8.5cm이며 몸의 색깔은 붉은색과 흰색이에요.

살고 있는 곳은 수심 10~40cm의 바위예요. 측맵시산호가 없어지고 있는 이유는 바다가 따뜻해져서 죽어 가고 있기 때문이에요.

2-32

크기가 12mm인 새우가 있다고?

칼세오리옆새우

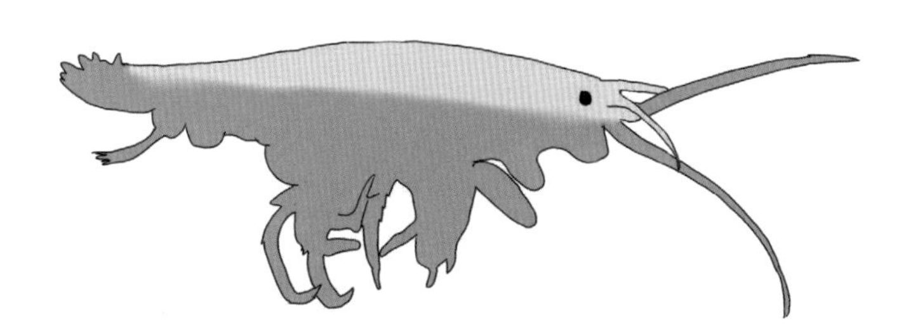

칼세오리옆새우는 크기가 12mm인 동물이에요. 새우 중 옆새우에 속하며 연갈색을 띠고 있어요. 또한 경기도 전곡, 백령도 등에 살며 산간 계곡의 1급수에서 가재가 사는 곳의 돌 밑이나 물에 잠긴 활엽수 잎 밑에서 서식해요. 그래서 칼세오리옆새우를 포함한 옆새우류는 수질오염의 정도를 확인하는 데 중요한 역할을 한답니다!

2-33

큰바다사자가 강치의 형제라고?!

큰바다사자

큰바다사자는 멸종위기 야생동물 2급이에요. 어류가 감소하고, 그물에 걸려 죽거나 포획되어 개체 수 감소에 큰 영향을 미쳤어요. 독도, 울릉도 주변에서 살고, 암초나 섬 위에서 자요. 독도, 울릉도 쪽에서 살았고 바다사자 종류인 강치와 형제 관계예요. 성숙한 수컷을 제외하고는 주둥이와 정수리가 뚜렷하게 구분되어 있지 않아서 이마가 없어요. 어른 수컷은 보통 2.8m이고 체중은 566kg이에요. 그리고 어른 암컷은 보통 2.3m이고 체중은 273kg이에요. 큰바다사자는 물고기, 새우, 조개, 게 및 여러 먹이를 먹는데 다른 물개류를 잡아먹기도 해요.

2-34

통통 지나갑니다!

퉁사리

퉁사리는 몸길이가 7~10cm, 최대 12cm, 몸은 전체적으로 둥글어요. 머리는 위아래로 납작해요. 입 주위에는 수염이 4쌍 있어요. 위턱의 길이는 아래턱의 길이와 비슷하답니다. 가슴지느러미가시는 끝이 날카롭고 그 안쪽에 3~5개의 톱니가 있어요. 몸 빛깔은 전체가 주황색인데, 등 쪽은 색이 짙고 배 쪽은 옅어요. 이 퉁사리는 우리나라 고유종으로 금강, 만경강, 영산강 등의 중류, 자갈이 많은 곳에 살아요. 주로 물에 있는 곤충들을 잡아먹는답니다.

2-35

보다 보면 귀엽다고요!

한둑중개

한둑중개는 몸의 길이가 겨우 10~15cm예요. 몸은 옆으로 납작하며 유선형을 하고 있어요.

머리는 세로로 납작하며 아래턱과 위턱의 길이는 동일해요. 그리고 몸은 녹갈색이고 등 쪽은 짙고 배 쪽은 흰색에 가까워요. 물에 있는 곤충들을 주로 잡아먹어요.

동해로 흐르는 강에 많이 살았는데 최근에는 잘 발견되지 않고 있어요. 수질오염으로 한둑중개가 살기 어려워져서 그렇다고 해요.

2-36

한 팔만 커다란 게가 있다고?

흰발농게

이 동물은 흰발농게예요. 서, 남해안 연안습지에 많이 살고 있어요. 멸종위기 야생동물 2등급으로 지정되었어요. 멸종위기에 처한 이유는 갯벌, 매립지, 해안가 개발 등으로 서식지가 파괴되고 있기 때문이에요. 주로 지면의 모래를 먹으며 그 안에 있는 플랑크톤도 먹어요.

2-37

작은 물고기 맞아? 응, 흰수마자!

흰수마자

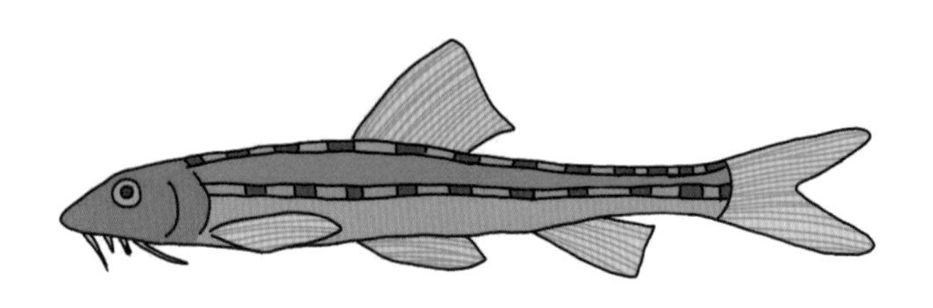

흰수마자는 6cm로 작은 어종이에요. 흰수마자는 잉어과에 속하는 어종답게 수염이 있는 물고기에요. 흰수마자는 오로지 우리나라에만 서식하는 특산종이에요. 몸의 옆줄을 기점으로 몸의 등 쪽은 담갈색이고 배 쪽은 흰색이에요. 또한 몸의 등 쪽에는 검은색의 반점들이 나 있으며 옆줄이 갈색이에요.

3

하늘

3-1

딱딱딱, 딱따구리 등장입니다!

까막딱따구리

까막딱따구리는 딱따구리과 중에서 가장 큰 조류이고요, 우리나라의 텃새예요. 수컷은 머리 전체가 붉고, 암컷은 머리 일부분만 붉어요. 천적으로는 담비, 날다람쥐 등이 있고요, 먹이로는 개미 등의 곤충을 먹는답니다. 오래된 큰 나무에 많이 살며 25m 높이에 둥지를 짓고요, 알은 3~6개 정도 낳는다고 해요. 까막딱따구리의 둥지를 빼앗으려는 새들(파랑새, 원앙 등)이 많아 먹고살기가 힘들 때도 있답니다.

3-2

곰도 이기는 새가 있다?!

검독수리

검독수리의 종은 독수리예요. 깃털의 색깔은 어두운 갈색이고, 머리와 목에는 연한 깃털이 있어요. 검독수리는 산, 절벽, 하천, 해안, 평지 등에서 살아요. 그리고 멸종위기 야생동물 1급에 속해 있어요. 멸종위기인 이유는 사람들이 농약을 뿌리거나, 사냥을 했기 때문이에요.

검독수리는 전 세계에서 큰 부리와 발톱을 가진 새 중 하나로 두루미류, 동물, 중대형 포유류도 사냥할 수 있어요.

3-3

여름과 겨울의 머리색이 다른 새

검은머리갈매기

검은머리갈매기는 여름과 겨울의 머리색이 다른 새예요. 여름엔 머리가 검은색, 겨울엔 하얀색이에요. 검은머리갈매기의 몸길이는 29~32cm고, 날개는 27~30cm예요. 날개깃 끝에 흰색 반점이 있어서 날개를 접었을 때 무늬가 잘 보여요. 하구 갯벌을 좋아하고 염생식물이 있는 군락지에서 집단 번식을 해요. 그리고 갈대가 많이 자라는 곳은 좋아하지 않는 새예요.

3-4

눈싸움하면 질 것 같은 새

검은머리물떼새

검은머리물떼새는 잡식성으로 조개나 곤충, 게, 굴 등을 먹어요. 조개를 먹을 땐 당근처럼 생긴 부리를 껍질 사이에 넣어 열어서 먹거나 날아오른 상태에서 바위 등 단단한 곳에 떨어뜨려 깨서 먹는다고 해요. 그리고 검은머리물떼새의 몸무게는 487~642g으로 매우 가볍고, 발가락은 3개며, 수명은 약 12년 정도 된다고 하네요.

3-5

테니스공이야, 새야?

검은머리촉새

검은머리촉새는 15cm 정도의 작은 나그네새예요. 수컷 검은머리촉새는 밤색의 띠가 있고 노란 배를 가지고 있어요. 이 생김새가 마치 테니스공 같아요. 암컷은 눈썹선과 배가 연한 노란색으로 조금 다르게 생겼어요. 주로 애벌레를 잡아먹는 검은머리촉새는 멸종위기 야생동물 2급으로 지정되었답니다.

3-6

두루미 무리에 있는 다른 두루미?

검은목두루미

검은목두루미는 소수만 존재하는 철새예요. 날씨가 따뜻한 지역으로 이동할 때 다른 두루미 무리에 섞여 이동한답니다. 몸길이는 114cm가량이고, 키는 100~130cm, 무게는 4.5~6kg이에요. 몸은 전체적으로 회색이며, 눈 뒤에서 목의 뒤쪽까지 흰색이에요. 이마에서 머리 꼭대기까지 붉은색의 점이 있고, 날개깃의 회색과 검은색이 뚜렷한 대비를 이루어요. 부리는 비교적 짧으며, 다리는 검은색이에요. 땅에 있을 때는 둘째 날개깃이 길게 뻗어 꼬리를 덮고 처진다고 해요. 농작물과 곤충, 작은 설치류들을 주로 먹어요. 우리나라의 습지, 호수, 농경지 등에서 주로 활동하는 새예요. 수로와 도로가 만들어지고 서식지 감소와 먹이 부족으로 힘들어하는 새예요.

3-7

다른 갈매기와 뭐가 다른 거지?

고대갈매기

고대갈매기는 겨울 철새로 아주 희귀한 새예요. 주로 조개를 먹고 살아요. 우리나라의 인천과 포항 해안에서도 관찰된 적이 있어요!

고대갈매기는 겨울깃과 여름깃 색이 달라요. 이 점이 검은머리갈매기와 비슷해 종종 오해받아요. 하지만 구별법이 있어요. 바로 부리 길이예요. 고대갈매기의 부리가 조금 더 길답니다!

3-8

사실 애교쟁이랍니다!

고니

고니는 오리과 고니속에 속한 물새로 겨울 철새예요. 고니는 멸종위기 야생동물이자 우리나라의 천연기념물이에요. 고니는 백조의 순우리말이고 표준어로 곤이라고 부를 수 있어요. 주로 여름에 물에 사는 식물을 먹고 어류도 사냥해요. 사냥할 때 머리를 물속에 넣고 사냥하는 것이 특징이에요. 고니는 애교가 많아 사랑받고 싶을 때 양 날개로 표현해요.

3-9

검색하면 식당이 나오는 새가 있다고?

긴꼬리딱새

그 주인공은 바로! 긴꼬리딱새예요. 긴꼬리딱새는 멸종위기 야생동물 2급으로 지정되었어요. 긴꼬리딱새는 여름 철새로 5월 초부터 8월 초에 전국에서 관찰되지만 주로 남부 지역에 많아요. 세계적으로 그 수가 감소하고 있어 국제적인 보호 노력이 필요해요. 얼마 전까지 일본 이름인 삼광조로 불렸지만 수컷의 꼬리가 암컷에 비해 3배 이상 긴 특징을 반영해 최근 긴꼬리딱새로 고쳐 부르고 있어요. 눈테와 부리가 푸르며 정수리에 작은 댕기가 있어요. 2004년 서귀포에서 8개체, 2005년 금오도에서 5개체, 2006년 진안군에서 1개체, 2008년 부산과 진해에서 5개체가 확인되었어요.

3-10

사과 같은 내 얼굴!

긴점박이올빼미

긴점박이올빼미는 매우 드문 텃새로 높은 산속에 주로 살아요. 우리나라에서는 2005년 원도 오대산에서 가끔씩 확인되었다고 해요. 사과 반쪽 자른 얼굴을 하고 있는 이 친구는 목이 정말 많이 돌아간다고 해요! 전 세계에 11,000쌍에서 14,000쌍이 서식하며, 날개의 길이는 110~134cm까지 다양하답니다. 긴점박이올빼미는 새벽에 가장 활발한 야행성 동물로 알려져 있어요!

3-11

연애할 때만 부리가 노란색인 백로

노랑부리백로

노랑부리백로는 몸의 길이는 61~68cm로 몸의 길이가 긴 동물이에요.

다리는 검은색으로 긴 다리를 가지고 있어요. 발가락과 부리는 노란색이지만 신기하게도 연애를 안 할 때는 부리가 검은색으로 변해요. 또 연애를 할 때는 뒷머리에 8cm 정도 되는 멋진 장식깃이 발달해 있어요.

노랑부리백로는 멸종위기 야생동물 2급이에요. 그 이유는 살고 있는 곳이 점점 사라지고 있기 때문이에요.

3-12

노랑부리저어새는 부리 끝부분만 노란색이다!

노랑부리저어새

부리가 끝부분만 노란색이어서 이름이 노랑부리저어새예요. 몸길이는 약 86cm로 길어요. 그리고 수영을 하지 못해 깊은 물에는 들어가지 않고 수심이 얕은 곳만 들어가요.

노랑부리저어새는 멸종위기 야생동물 2급이에요. 노랑부리저어새가 멸종위기 동물이 된 가장 중요한 원인은 서식지 감소예요.

3-13

좋아하는 감정을 표현할 때 깃털을 다듬어 준다고?

따오기

따오기는 몸길이 70~80cm, 날개 길이는 130~140cm, 부리 길이는 16~19cm예요. 깃털은 옅은 주황색을 띠는데 멀리서 볼 때는 흰색으로 보여요. 몸 윗면보다 몸 아랫면의 주황색이 더 짙은 편이에요.

따오기는 산간의 논이나 계곡에 살며 높은 나뭇가지로 둥지를 만들어요. 번식기 이외에는 작은 집단을 이루어 먹이를 구하며, 주로 민물게, 개구리, 우렁이 등과 작은 물고기, 수생곤충 등을 먹어요. 따오기는 3월이나 6월 사이에 번식기를 갖고 좋아하는 감정을 표현할 땐 깃털을 다듬어 준다고 해요!

3-14

멀리서도 먹이를 보고 날아서 잡아먹는

독수리

독수리는 세계에서 2번째로 큰 맹금류의 동물이에요. 무게는 암컷은 7.5~14kg, 수컷은 6.3~12kg 정도예요. 독수리는 무리 지어 다니며 보통 사자 같은 맹수랑 싸워 사냥할 것 같지만 사실은 죽은 동물의 사체를 먹거나 물고기를 먹고 살아요. 독수리는 내장을 즐겨 먹는데 농약에 중독되어 죽은 새의 내장을 먹고 죽는 경우도 있어요.

만약 독수리를 보고 싶으시면 청원, 파주, 연천에 가면 볼 수 있어요. 독수리는 한번 만든 둥지를 기억하다가 철이 지나 돌아와 고쳐서 다시 사용한답니다.

3-15

두루미와 학은 같은 동물이다?

두루미

두루미는 강과 습지 주변을 선호하고 멸종위기 야생동물 1급인 겨울 철새에요. 두루미의 겨울 먹이는 쌀, 콩, 옥수수, 미꾸라지예요. 두루미의 수명은 약 80년이에요.

이제 제목으로 돌아가서 두루미와 학은 같은 동물이에요. 사실 두루미와 학은 같은 단어예요. 그런데 사람들은 다른 이름으로 말해 같은 동물이 아니라고 생각한답니다.

3-16

노래가 있는 천연기념물

뜸부기

뜸부기는 우리나라에서 볼 수 있는 여름새예요. 몸길이는 40cm 내외이며, 수컷보다 암컷이 덩치가 커요! 하지만 암컷은 조심성이 많아 거의 모습을 드러내지 않아요. 수컷의 몸 색은 회색이고, 부리는 붉은색, 다리는 황록색이에요. 뜸부기가 몸에 좋다는 잘못된 소문이 퍼지면서 사람들이 많이 잡아먹어서 1990년대에 자취를 감추었다가 현재는 논에서 조금씩 다시 보이고 있어요.

3-17

신비의 나그네새가 있다?

먹황새

신비의 나그네새 먹황새는 황새과에 있는 새로 매우 드문 겨울 철새예요. 먹황새는 몸길이 95cm, 몸은 전체적으로 광택이 있는 검은색이며, 부리와 다리는 붉은색이고, 아래 가슴부터 배까지는 흰색이며, 아래 날개깃 안쪽은 흰색이에요. 먹황새는 어릴 때는 색깔이 다른 새예요. 큰 먹황새의 검은 부분이 갈색을 띠며, 부리와 다리는 회갈색이에요. 먹황새는 농경지, 강, 하구, 저수지, 하천 등 많은 습지에 사는 새예요. 이곳저곳을 많이 다니는 것이 마치 신비로운 나그네 같아요! 어류, 양서류, 파충류를 주로 먹어요. 하지만 먹황새는 사라지는 중이에요. 사람들의 무분별한 개발과 농약이 먹황새를 아프게 하고 있어요.

3-18

귀여운 친구를 소개할게요!

무당새

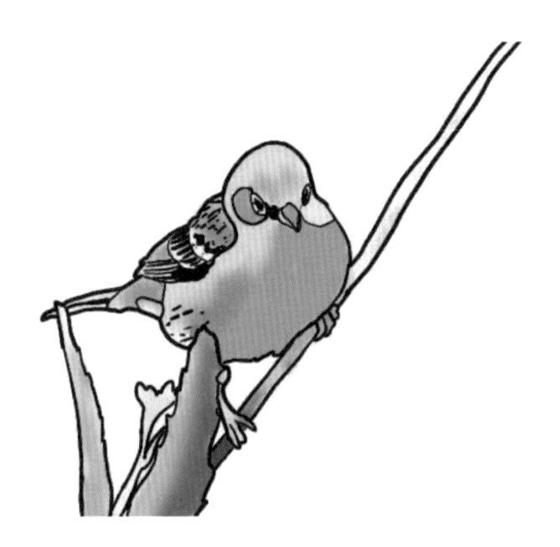

이 귀여운 친구의 이름은 무당새(Shameless)예요. 우리나라에서 과도한 살충제 사용 등으로 개체 수가 줄어들고 있어요. 이 친구들은 멸종위기 야생동물 2급으로 지정되었어요.

좋아하고 주로 먹는 먹이는 곤충류와 꿀풀과의 씨앗이랍니다. 주로 관목림, 관목이 산재하는 초지, 초원 등에 살고 있어요. 무당새라는 이름은 일본명 '무조'를 번역해서 지어졌답니다.

3-19

속도만큼은 자동차와 맞먹는 새가 있다?!

물수리

물수리는 강, 호수, 바다에서 물고기를 시속 130km의 속도로 낚아채는 대단한 사냥꾼이에요.

물수리는 우리나라의 대표적인 겨울 맹금류로, 먹이는 피라미부터 잉어, 강꼬치고기까지 2kg 이하의 작은 물고기는 대부분 사냥해요. 그리고 몸길이는 약 60cm 정도예요. 날개를 편 길이는 160cm에서 180cm 정도 돼요. 물수리는 우리나라 모든 곳에 분포해 있답니다.

3-20

사람 시력의 8배가 넘는다고?

매

매는 한반도의 새들 중 하나예요. 수명은 10년에서 20년 정도고, 주로 해안가나 농경지에 서식하는 텃새예요.

몸길이 34~58cm, 몸무게는 수컷 550~750g, 암컷 700~1,500g, 날개 편 길이는 80~120cm예요. 부리는 짧고 날카롭고 치상돌기가 있으며, 털색은 윗면은 푸른 잿빛, 아랫면은 크림 또는 녹슨 황색이고, 아랫면 검은색 가로무늬는 가늘고 연한 색이에요.

혹시 '매의 눈'이란 관용어를 알고 있나요? 매의 눈은 조류 중에 단연 최고의 시력을 가지고 있기로 유명해요. 매의 시력은 사람의 8배로 멀리 볼 수 있어 '매의 눈'이란 관용어가 괜히 나온 게 아닌 것 같네요!

3-21

벌에 쏘여도 아무렇지 않은 새가 있다?

벌매

벌매는 벌의 유충과 벌을 주로 잡아먹어요. 벌집을 자주 습격하는 이유는 벌의 유충에 단백질이 많아서라고 해요. 벌매는 털이 두꺼워서 벌의 독에 쉽게 뚫리지 않으며 쏘여도 독에 내성을 갖고 있어 괜찮다고 해요.

3-22

순발력이 좋아요!

붉은가슴흰죽지

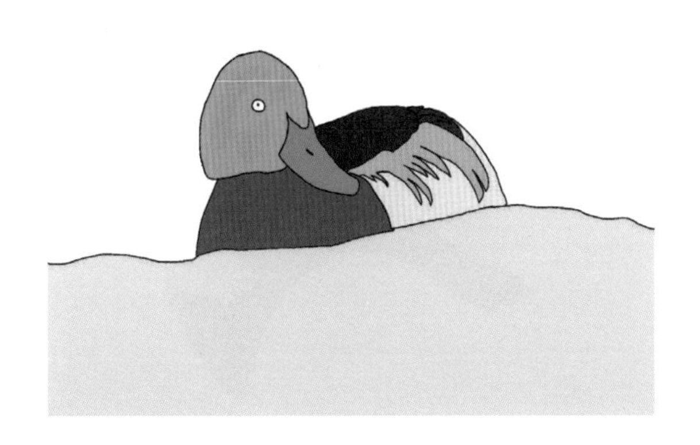

이 동물은 붉은가슴흰죽지예요. 붉은가슴흰죽지는 호수나 연못에 살고 있어요. 깊이 1m 이상의 물에서도 잠수와 헤엄이 가능해요. 또 강한 날개를 가지고 있어서 앞으로 빠르게 날 수도 있고, 위협을 느끼면 신속하게 물에서 벗어나 비행을 할 수도 있어요.

3-23

한순간에 나타났다가 한순간에 사라진다고요?

붉은배새매

붉은배새매는 우리나라의 여름 철새에요. 우리나라를 통과해 일본과 타이완까지 날아가요. 가을철 이동 시기에는 많은 붉은배새매가 관찰되어요. 하지만 먹이인 개구리 등이 농약에 오염되면서 크게 줄어들고 있어요. 이 때문에 살아가는 데 지장이 생기지요. 우리나라에서 천연기념물 및 멸종위기 야생동물로 지정하여 보호하고 있는 종이에요.

3-24

마라도에서는 고양이 때문에 멸종위기라고?

뿔쇠오리

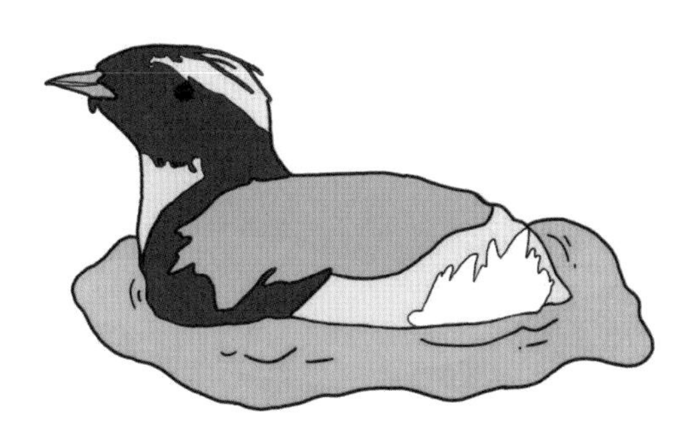

뿔쇠오리는 우리나라의 섬에 사는 천연기념물이에요. 세계적으로 희귀해서 찾아보기가 어려워요. 뿔쇠오리의 크기는 약 24~26cm로, 바다오리류 중에서 작은 편이에요. 부리는 청회색이고 몸 윗면은 흰색이에요. 얼굴, 옆목, 정수리는 검은색이고 뒷머리가 흰색이에요. 뒷머리에 뿔깃이 있기 때문에 뿔쇠오리라고 불러요. 바위틈에 둥지를 틀며, 바다제비가 버린 둥지를 이용하기도 해요. 잠수 능력도 아주 뛰어난데 그래서 작은 물고기나 새우를 잡아먹어요.

뿔쇠오리의 개체 수가 줄어든 이유는 아주 많아요. 외래종의 번식과 유입, 혼획, 알 수집과 사냥, 해양쓰레기, 기름 유출, 그리고 고양이가 있어요. 지난 2023년 2월 24일에는 고양이가 날개, 가슴뼈, 다리만 놔두고 다 먹어 버렸다고 해요.

우리나라 천연 기념물인 뿔쇠오리를 오랫동안 봤으면 좋겠어요!

3-25

뿔이 달린 새라고요!

뿔종다리

뿔종다리는 참새목 종다리과의 한 종으로, 우리나라에서는 매우 희귀한 텃새예요.

뿔종다리의 생김새는 종다리와 비슷하며, 종다리와 다르게 날개에 흰 부분이 없어요. 몸은 전체적으로 밝은 갈색이지만 배는 희게 보여요. 등과 가슴에는 암갈색의 줄무늬가 있으며, 머리의 긴 머리 깃이 특징이에요. 머리 깃을 세우면 뿔처럼 보여서 뿔종다리로 불리고 있어요. 뿔종다리를 찾고 싶으면 머리 위의 뿔(머리 깃)을 찾으면 돼요.

3-26

계절마다 머리색이 바뀌는 새가 있다?

뿔제비갈매기

뿔제비갈매기의 부리는 전체적으로 노란색이며 끝부분은 검정색이에요. 여름 깃은 머리 위가 검은색이고 겨울 깃은 이마에서 머리 꼭대기 부분이 하얀색으로 바뀌어요. 어린 새는 등과 날개에 검은 반점들이 있어요.

뿔제비갈매기는 1937년 멸종된 것으로 여겨졌지만 2000년 대만 마주섬에서 발견됐어요. 전 세계에 100마리 정도만 남아 있는 것으로 알려졌는데요. 그중 7마리가 우리나라의 육산도에서 발견되었답니다.

3-27

섬에서 번식하는 희귀한 여름 철새

섬개개비

섬개개비는 우리나라, 연해주, 일본 남부 등에서 번식하고 중국 남동부와 베트남 등지에서 겨울을 나는 희귀한 여름 철새예요. 산란기는 5월 중순에서 8월 사이며, 섬 지역에서 번식하기 때문에 섬개개비라고 불려요. 주로 관목이 우거진 초지와 갈대밭, 상록수림에서 발견돼요. 몸길이는 17cm 내외로 생김새가 알락꼬리쥐발귀와 매우 닮아 구별하기 어려워요. 생태가 거의 밝혀지지 않아 앞으로 많은 연구가 필요해요.

3-28

솔개는 70살까지 산다고?!

솔개

솔개는 남해와 서해 도서 및 철원 지역에서 발견되고, 산림 지역, 도서 지역, 해안가 등의 숲속 나무 위에 둥지를 만들어요.

솔개는 70살까지 오래 살아요. 하지만 두 가지의 경우가 있어요.

첫 번째는 그냥 40살에 죽는다. 두 번째는 '변한다'입니다.

그 이유는 스스로 몸을 바꾸는 성형을 하기 때문인데요. 40살 정도 되면 깃털이나 몸이 무거워지는데, 이때 1차 성형을 해요. 바로 부리 성형이에요. 부리를 바위에다가 쪼아서 부리를 깨 버려요. 그리고 새로운 부리가 나면, 2차 성형을 해요. 바로, 발톱을 모두 뽑아 버려요!

발톱을 다 뽑고 새로운 발톱이 나면 마지막 성형을 시작해요. 이 때는 깃털을 모두 뽑아 버려요. 새로운 부리와 새로 난 발톱, 가벼워진 날개를 갖고 30년을 더 살아요.

몸의 길이는 58.5~68.5cm 정도고, 몸은 전체적으로 적갈색을 띠고 밝은 갈색의 세로줄무늬가 있어요. 몸의 크기는 암컷이 더 크고, 알은 한 번에 2~3개 정도를 낳아요. 솔개는 곤충을 비롯한 무척추동물, 죽은 동물, 소형포유류, 어류 등을 먹어요. 솔개의 원래 이름은 소리개였는데 지금은 줄임말인 솔개로 부르고 있어요.

3-29

암컷이 더 큰 새가 있다?

새매

새매는 매목 수리과의 한 종으로, 우리나라의 텃새예요. 새매는 침엽수 높은 가지에 둥지를 만들어요. 암컷, 수컷 모두 흰 눈썹 선이 있고, 알은 한 번에 4~5개 정도 낳아요.

새매는 우리나라 전역을 비롯한 유럽, 아프리카 서북부, 러시아, 중국, 일본 등에 널리 분포하지만 각종 개발에 따른 서식지 축소와 먹이 부족으로 개체 수가 감소하고 있어요. 우리나라에서는 천연기념물 제323-4호로 지정해 보호한답니다.

3-30

엄청난 이동력을 가진 두루미가 있다?

시베리아흰두루미

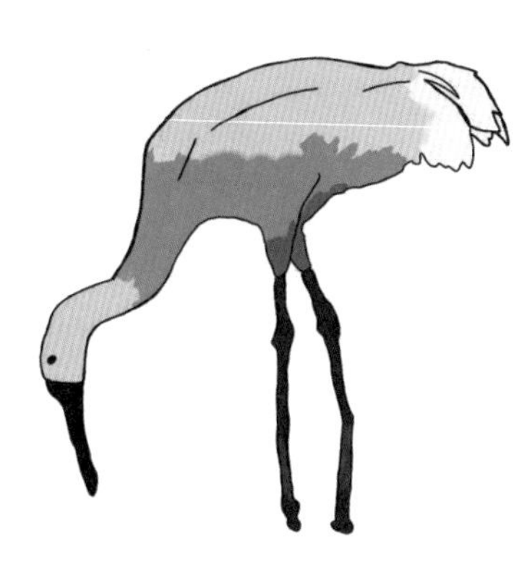

시베리아흰두루미는 암수의 생김새가 비슷하여 겉모습으로 구분하기 어렵지만 일반적으로 암컷이 수컷보다 커요. 시베리아흰두루미는 한 배에 두 개의 알을 낳고 62세의 긴 수명을 가지고 있어요.

러시아의 동쪽에 사는 개체들은 번식을 위해 중국으로 이동하고 서쪽에 사는 개체들은 이란, 인도, 네팔로 이동해요. 특히 시베리아흰두루미는 두루미속 중 가장 뛰어난 이동력을 가지고 있어요. 그런데 서쪽에 사는 개체들은 20세기 때, 밀렵과 서식지 파괴로 인해 개체 수가 급격히 줄어들고 있어요.

3-31

암컷과 수컷이 완전 다르게 생겼다고요?

쇠검은머리쑥새

쇠검은머리쑥새는 우리나라를 찾는 겨울새예요. 큰 강이나 하천의 물 주변에 살지요. 몸길이는 약 14.5cm로 손 한 뼘 정도의 크기예요. 수컷은 머리 부분이 검은색이지만 암컷은 머리가 누런 갈색이에요. 그래서 쉽게 암컷과 수컷을 구분할 수 있어요. 살아 있는 수가 적어서 없어질 위험이 점점 커지고 있어요.

3-32

우리나라에서 가장 작은 갈매기?

쇠제비갈매기

약 20년 살아 장수하는 새에요. 강가에 주로 살아요. 제비 같은 갈매기라고 해서 쇠(작다)제비(꼬리가 제비 모양이다)갈매라는 이름이 지어졌다고 해요! 꼬리 끝 색깔은 검정색이에요. 꼬리와 다리는 노란색이에요. 주로 물고기를 잡아먹는답니다. 한 번 알을 낳으면 2~3개씩 낳으며 알은 21~24일 후 부화하고, 부화 후 20일이 지나면 부모님과 따로 살아요.

3-33

까치인 줄 알았네!

알락개구리매

알락개구리매는 이름에서 찾아볼 수 있듯이 개구리를 잡아먹는 새예요. 동북아시아에서 번식하고 동남아시아와 보르네오섬까지 날아가 겨울을 보내요. 우리나라에서는 함경북도의 백두산 지역에서 번식하며 겨울에는 낮은 지대로 내려와 겨울을 보낸답니다.

멸종위기 야생동물 2급으로 지정되었으며 몸길이는 40cm 정도돼요. 수컷의 윗면은 검은 갈색이고 가슴 쪽은 흰색이어서 까치를 닮았어요. 하천 부근의 건조한 풀밭이나 갈대밭, 산림 부근 풀밭에 살면서 둥지를 틀고 한 배에 3~4개의 알을 낳는답니다.

3-34

집비둘기에 밀려 북한으로 건너간 비둘기가 있다고?

양비둘기

양비둘기는 원래 낭비둘기로 불렸어요. 하지만 시간이 지나면서 '낭'이 '양'으로 바뀌었다고 해요.

머리, 얼굴, 턱 밑은 짙은 회색이고 뒷목과 가슴은 광택이 있는 녹색이에요. 어깨, 날개를 덮고 있는 깃털, 가슴 아래 부분은 회색이에요. 해안의 절벽, 도시, 내륙 산악에 주로 서식해요. 양비둘기의 먹이는 농경지의 곡식, 곡물이에요. 양비둘기는 집비둘기에 밀려 북한에 건너가거나 천적의 침입으로 개체 수가 감소했어요.

3-35

눈꺼풀이 3개나 있지만 역할이 다 다르다?!

올빼미

올빼미는 눈꺼풀이 3개나 있지만 역할이 다 달라요! 하나는 눈을 깜빡일 때 쓰이고, 또 하나는 수면 중에 사용하고, 마지막은 눈을 청결하게 할 때 쓰여요. 올빼미는 눈을 움직일 수 없어서 목을 움직여야 하는데, 다행히 목을 180도 회전할 수 있어서 큰 불편함은 없어요. 귀가 비대칭이 심하고 크기도 차이가 많이 나서 이상하다고 생각할 수 있지만 오히려 소리를 들을 때 약간의 시차를 만들어서 대상의 위치를 정확하게 파악할 수 있어요.

올빼미는 천연기념물로 지정되었어요. 그 이유는 산림 간벌 및 고목 제거에 의한 서식지 파괴와 훼손으로 개체군 서식에 위협이 되고 있어서 그렇답니다.

3-36

검은 얼굴에 숟가락 부리를 가진 새?

저어새

저어새는 몸길이가 75cm, 부리와 다리는 검은색이에요. 동아시아에서만 서식하는 동물이에요. 저어새는 작은 물고기나 개구리, 올챙이를 주로 먹어요. 주서식지인 습지가 매립, 훼손 등으로 줄어들어 멸종위기종이 되었어요.

부리를 물에 담근 상태에서 저으며 먹이를 찾는 특이한 행동이 특징이며, 저어새의 이름도 이러한 행동에서 유래되었어요. 영문 이름은 'Black-faced Spoonbill'인데 '검은 얼굴의 숟가락 부리를 가진 새'라는 뜻이에요.

3-37

붉은 눈을 갖고 있답니다!

재두루미

재두루미는 두루미과의 새예요. 재두루미는 몸길이 115~125cm, 몸무게는 4.7kg예요. 조류 중에서도 큰 편이지요. 등은 회색인데 눈 주위에 붉은 피부가 노출된 것이 특징이에요. 어린 새는 눈 주위가 붉은색이 아닌 황갈색이랍니다. 날개에 털이 많을수록 어린 개체에요. 환경오염과 서식지 파괴로 멸종위기 야생동물 2급으로 지정되었답니다.

3-38

개구리를 먹는데 먹을 수가 없어요!

잿빛개구리매

잿빛개구리매는 천연기념물 323-6호이며, 멸종위기 야생동물 2급으로 지정되었어요. 먹이는 설치류, 참새류 등이며 암컷은 갈색이고, 수컷은 하얀색이랍니다.

잿빛개구리매는 우리나라에서는 개구리를 먹고 사는 새로 해석되어요. 하지만 잿빛개구리매는 겨울에 우리나라로 들어와서 겨울잠을 자고 있는 개구리를 만나기가 어렵다고 하네요.

3-39

변신하는 새가 있다??

참매

참매는 수리매의 일종이에요. 참매는 중대형 맹금류예요. 참매는 새끼 때 배 부분의 깃들이 세로무늬로 형성되고, 어미가 되면 가로무늬로 변해요.

참매는 주로 조류와 포유류를 잡아먹어요. 그리고 참매는 큰 나뭇가지에 나뭇가지를 쌓아 접시 모양의 둥지를 지상으로부터 4~8m 높이에 만들어요. 참매가 멸종위기인 이유는 각종 개발과 서식지 감소 먹이 부족 때문이에요.

3-40

사랑스러운 고니

큰고니

큰고니는 논, 해안, 습지 등에서 쉽게 볼 수 있어요. 몸길이는 약 152cm이고, 날개를 편 길이는 약 225cm예요. 부리의 끝은 검정색이고, 밑동은 노란색이에요. 헤엄을 칠 때는 목을 곧게 세우고, 먹이를 먹을 때는 머리를 물속에 집어넣어 바닥에 있는 먹이를 먹어요. 큰고니는 과즙이 많은 열매, 물고기, 곤충을 먹어요. 알은 35~45일을 동안 품고 120일이 지나면 하늘을 날 수 있어요.

3-41

이름처럼 커요!

큰기러기

큰기러기의 몸길이는 76~89cm예요. 유라시아 대륙 및 아시아 북쪽의 건조하며 약간 움푹 들어간 곳에 둥지를 만들고 겨울에는 남쪽의 따뜻한 지역으로 이동해요. 풀밭의 각종 식물의 열매나 줄기 그리고 작은 동물들을 먹지만 겨울에는 주로 논에 떨어진 벼이삭이나 물풀, 풀뿌리 등을 주로 먹어요. 우리나라에는 10월 초에 찾아와 이듬해 2월 말 또는 3월 초까지 겨울을 보낸다고 해요. 큰기러기의 암수 깃털은 서로 비슷하고 몸 전체가 회갈색으로 둘러싸여 있어요. 날개 끝과 꼬리는 검은색이고 꽁지깃의 가장자리에는 흰색의 띠가 있어요. 이동할 때는 줄지어 나는 것이 특징이에요. 그리고 10월쯤 찾아오기 시작하여 3월 하순이면 완전히 떠난답니다.

3-42

목소리로 사람을 홀리는 팔색조

팔색조

서식지 파괴와 먹이 감소로 개체 수가 점점 감소하고 있는 팔색조는 검은색, 녹색, 푸른색, 빨간색 등 다양한 색상의 깃털이 특징이에요.

경계심이 강해서 모습을 잘 드러내지 않고, 짧은 꽁지를 위아래로 까딱까딱 움직이는 습성이 있어요. 예쁜 울음소리를 가진 매우 아름답고 희귀한 여름새예요.

하천 또는 저지대의 하층 식생이 빽빽한 숲을 선호해요. 딱정벌레, 지렁이 같은 먹이를 잡아먹어요. 팔색이라는 다양한 색을 지닌 덕분에 매력이 많거나 색다른 이미지를 자주 보여 주는 사람의 대명사로 쓰여요.

3-43

보기 드문 여름 철새랍니다!

큰덤불해오라기

큰덤불해오라기는 갈대밭, 작은 물웅덩이, 풀이 우거진 습지 등에서 생활하며 물고기, 개구리, 곤충류를 주로 잡아먹어요. 물가의 갈대 줄기 위 또는 풀이 무성한 땅 위에 풀잎과 줄기를 이용해 둥지를 만들고 5~7월에 알 5~6개를 낳는다고 해요. 몸길이는 약 38cm라고 하네요. 여름 철새로 경기도와 충청남도, 전라남도 등의 대규모 습지에서 살고 있어요!

3-44

한반도의 새

큰뒷부리도요

여름 깃의 머리와 뒷목은 흑갈색이며, 깃 가장자리는 적갈색이에요. 눈 위에는 적갈색의 눈썹선이 있고, 눈 앞에는 흑갈색의 눈선이 지나요. 등은 흑갈색이며 엷은 적갈색의 가장자리가 있고, 아래 등은 어두운 갈색이며 흰색의 가장자리가 있어요. 허리는 적갈색을 띤 흰색으로 흑갈색의 가로띠가 있어요. 부리는 검은색이고 기부는 살구색이며, 홍채는 갈색이고, 다리는 검은색이에요.

해안의 모래밭, 갯벌, 강 하구 등에서 주로 살아요. 큰 무리를 이루면서 갯지렁이, 갑각류 등의 동물을 잡아먹는다고 해요.

3-45

토끼를 잡아먹는 새라고?

큰말똥가리

큰말똥가리가 먹는 먹이는 주로 설치류이지만 토끼나 조류도 잡아먹어요. 몸은 전체적으로 암갈색이지만 색의 밝고 어두운 정도는 개체별로 차이가 커요. 또 배에는 작은 반점이 있고 꼬리에는 길고 뚜렷한 줄무늬가 있어요. 암벽과 산지의 사면에 튀어나온 수목의 기지에 둥지를 틀며, 나뭇가지를 쌓아 올려 접시 모양의 둥지를 만들어요. 우리나라 전역의 농경지, 평지, 간척지 등에 서식해요.

3-46

아주 잘생긴 철새가 있다?

항라머리검독수리

그 철새는 바로 항라머리검독수리예요! 대형 맹금류 중 하나랍니다. 길이는 약 59~71cm에 불과하지만 날개 길이는 무려 151~179cm나 된답니다! 그리고 우리나라에서 매우 희귀한 대형 맹금류 중에서도 겨울 철새예요. 하지만 멸종위기 야생동물 2급이라서 언젠가 우리나라에서 없어질 수도 있어요.

3-47

엄마의 곁을 일찍 떠나야만 하는 오리가 있다?

호사비오리

호사비오리는 6월이 부화 시기예요. 하지만 부화된 새끼들은 7월이면 엄마를 떠나 각자의 삶을 살아가요. 호사비오리는 주로 러시아, 중국, 백두산에 서식하고 있어요. 지구상에 1,000여 마리 생존해 있는 걸로 알려진, 정말 보기 힘든 동물이에요. 우리나라에는 겨울철 강원도 철원 지역과 충남 대청호 등에 소수 찾아온다고 해요. 수컷의 머리와 목은 검은색이고 암컷의 머리는 연한 갈색이에요.

3-48

부리에 혹이 달린 새가 있다고?

혹고니

혹고니라는 이름이 붙여진 이유는 부리에 혹이 달려 있기 때문이에요.

몸길이는 125~160cm 정도이고, 날개를 편 길이는 2.4m나 되는 대형 조류예요.

유럽, 몽골, 바이칼호 등에서 번식하고 중국 동부, 우리나라에서 겨울을 보내요.

국내에서 멸종위기 야생동물 1급이고 천연기념물 제201-3호로 보호받고 있어요. 급격한 기후 변화로 인해 빙하와 빙산이 녹아 혹고니의 서식지가 줄어들고 있어요.

3-49

동물원 사육사 자리를 빼앗은 동물이 있다고?

흑고니

그 동물은 바로 '흑고니'예요. 흑고니는 주로 호주에서 서식해요. 몸 전체가 검은색이고, 부리만 진한 빨간색을 가지고 있어요. 흑고니는 1급수 호수에서 사는데, 환경오염으로 1급수 물이 오염되어 멸종위기에 처했어요. 흑고니는 주로 물에 사는 물고기를 먹거나 벼 같은 식물 뿌리를 먹고 살아요. 북한에서는 흑고니를 식용으로 키우겠다며 고니농장을 만든 적도 있어요. 대구의 한 동물원에서는 자신의 먹이를 잉어에게 나누어 주면서 사육사의 자리를 위태롭게 하기도 했어요. 알고 보니 그냥 사료를 물에 적셔 먹으려고 물에 가져간 거라고 해요.

3-50

흑기러기의 잔혹한 육아

흑기러기

이 친구는 흑기러기예요. 하구나 해안가에서 살아요. 멸종위기 등급은 멸종위기 야생동물 2급이에요. 크기는 60~65cm이고 무게는 1.2~2.3kg이에요. 천적을 피하기 위해 120m의 높은 암벽에 둥지를 지어요. 새끼 흑기러기는 36시간 안에 먹이를 먹지 못하면 죽어요. 먹이를 먹기 위해서는 아래로 내려와야 하는데 새끼 흑기러기가 무사히 내려올 수 있는 확률은 50%도 되지 않아요.

3-51

여름에만 볼 수 있는 비둘기가 있다고?

흑비둘기

흑비둘기는 내륙에서 거의 관찰되지 않을 만큼 희귀해서 사람들에게 많이 알려져 있지 않아요. 하지만 국내 최대 번식지인 울릉도에서는 흔한 여름 철새예요. 번식을 마친 흑비둘기는 추운 겨울을 피해 따뜻한 남쪽나라로 이동해 겨울을 보내고 4월에 다시 울릉도로 돌아와요.

흑비둘기는 비둘기류 중 크기가 가장 크고 소리도 우렁찬 편이에요. 그러나 이름처럼 깃털도 검정색이고 나뭇가지에 잘 숨어서 관찰하기 쉽지 않아요.

3-52

아이를 가져다주는 새가 있다?!

황새

황새는 황새목 황새과예요. 황새는 미꾸라지, 붕어, 개구리 등을 먹고 살아요. 황새는 보통 수명이 30~50년 사이예요. 황새는 발성기관이 퇴화되어 있어 울음소리를 못 내요. 그리고 황새는 아이를 가져다준다는 설화가 있어요. 또 황새는 큰 새라는 뜻으로 '한새'라고도 불렸어요. 황새는 목과 위 가슴을 가로지르는 목둘레의 긴 깃털로 식별할 수 있어요. 멸종위기에 처한 이유는 서식지 감소, 농약 사용으로 인한 먹이 감소 때문이라고 해요.

3-53

집을 지키기 위해 땅에 떨어지기도 한답니다!

흰목물떼새

흰목물떼새는 멸종위기 야생동물 2급으로 수명은 약 4~5년인 동물이에요. 몸길이 20.5cm이고, 암컷, 수컷 모두 이마는 흰색이며, 정수리 사이에 검은색 가로띠가 있어요. 눈선은 수컷이 더 진하고 꼬마물떼새와는 달리 노란색 눈테가 없고 꼬마물떼새에 비해 가늘고 약해 보여요.

신기하게도 갯벌에 서식하는 대부분의 섭금류와 달리 흰목물떼새는 강가에서 서식해요. 그런데 가끔 땅 위에서 푸드덕거리다가도 접근하려 하면 조금 날다 땅 위에 떨어져 똑같은 행동을 하는 이상한 행동을 하는 흰목물떼새를 볼 수 있어요. 이러한 행동은 근처에 둥지와 알이 있을 확률이 높다는 걸 의미해요. 알과 새끼를 보호하고자 한 어미의 본능적인 행동으로 흰목물떼새를 비롯해 땅 위에 둥지를 트는 다른 새에게도 이러한 행동을 관찰할 수 있어요. 이러한 흰목물떼새는 최근 수많은 공사로 그 수가 정말 많이 줄어들고 있답니다.

초등학생이 직접 알려 주는

한국의 멸종위기동물들

초판 1쇄 발행 2024년 5월 31일

지은이 복주초등학교
펴낸이 이기봉
편집 좋은땅 편집팀
펴낸곳 도서출판 좋은땅
주소 서울특별시 마포구 양화로12길 26 지월드빌딩 (서교동 395-7)
전화 02)374-8616~7
팩스 02)374-8614
이메일 gworldbook@naver.com
홈페이지 www.g-world.co.kr

ISBN 979-11-388-3183-3(03490)